Introduction
à la Topologie Générale

Introduction
à la Topologie Générale

Cours d'Algèbre et Topologie Générale
à l'usage des licences de Mathématiques et d'Informatique

Fidèle Ayissi Etémé

Hermann éditeurs

WWW.editions-hermann.fr

Isbn 978 27056 6892 1

Dédicaces

A la mémoire de mon père f. Mathieu ETEME.

A la mémoire de sa digne épouse, ma mère f. Justine NGAH.

Avec tout le dévouement filial donc je leur suis redevable.

A mon Illustre Maître le Professeur Daniel PONASSE. Il a réveillé en moi la quête permanente du naturel, de l'élégance, de la cohérence, du raisonnement mathématique.

Remerciements

Mis sous sa forme actuelle il y a de cela plusieurs années, l'ouvrage que je me propose aujourd'hui de publier n'aurait jamais vu le jour sans l'apport humain et matériel de plusieurs de mes anciens étudiants de Mathématiques de l'Ecole Normale Supérieure, tous actuellement aussi collègues car enseignants de mathématiques.
Je vais d'abord citer Mr KAMEUGNE Roger, PLEG, étudiant en Doctorat, dont le sérieux, le dévouement, la compétence et la disponibilité sans pareille ont permis la mise en page totale de l'ouvrage.
Je vais également parler de Mr TSIMI Jean Armand, l'ami de Roger, lui aussi PLEG : un de mes étudiants de Doctorat, qui a eu la tâche pas facile de relire les manuscrits et de mettre à jour, rubrique par rubrique la collection d'exercices que je propose dans l'ouvrage.
Que tous deux veuillent trouver ici mes remerciements les plus chaleureux ainsi que mes plus vifs encouragements. Notre vieille sagesse ne dit-elle pas : "La plante de concombre rampe et elle laisse ses fruits là où elle est passée" ?
Enfin une pensée toute spéciale à ma fille qui a eu toute la volonté, le courage de traverser seule des moments très éprouvants aux côtés de son Papa. C'est un privilège pour elle. Que Dieu lui réserve le juste prix d'un fils dévoué. Je parle de MOMINGA.

Table des matières

Introduction

Le tome II : **Introduction à la Topologie Générale**, de l'ouvrage intitulé **Cours d'Algèbre et Topologie générales à l'usage de licences de Mathématiques et d'Informatiques** met en places les éléments essentiels à toute utilisation théorique ou pratique des notions de base de topologie.

De ce point de vue il s'adresse tout aussi bien à ceux qui se destinent aux utilisations purement mathématiques qu'aux utilisateurs des mathématiques : mathématiciens, physiciens, informaticiens. C'est pour ainsi dire, un cours standard de topologie du niveau licence ou Master I.

Le cours est construit fondamentalement à partir des notes de cours d'étudiant de l'auteur, enrichies de son expérience de formateur des formateurs, qui désire ainsi transmettre à des générations d'étudiants, l'un des enseignements universitaires qui ont marqué sa formation universitaire par leur naturel, leur simplicité et élégance de présentation, leur construction cohérente.

Lorsque les programmes et les emplois de temps, hélas très variables, l'y ont permis, l'auteur a exposé ce cours (1977-2005) en 3e et 5e années de l'Ecole Normale Supérieure de Yaoundé, Université de Yaoundé I, Cameroun. Le souhait de l'auteur aurait été d'y voir ce cours intégralement et de façon permanente exposé en vue d'un solide bagage du futur professeur ou du futur utilisateur des mathématiques. Mais malheureusement !
L'ouvrage comporte cinq (5) chapitres proprement dits et un sixième (6e) constitué par un choix très diversifié d'exercices rubrique par rubrique.

Les deux (2) premiers chapitres présentent la topologie des espaces métriques : cela a l'avantage de mettre à disposition tous les exemples disponibles des cours de 1e et 2e années des universités.

Le chapitre trois (3) reprend ces mêmes notions dans le cadre plus général des espaces topologiques généraux.
Les deux (2) derniers chapitres constituent une introduction aux espaces fonctionnels classiques et à leurs utilisations, à titre d'exemple à la théorie de l'approximation.

Ce n'est pas sans inconscience que l'auteur a pris le risque de s'aventurer sur les traces de ses maîtres, illustres, dont il se sent pleinement redevable.

Moyennant quoi il a espoir que ce cours, malgré les imperfections immanentes à des notes de cours d'un étudiant, aura pleinement atteint son objectif en rendant service à des générations d'étudiants de nos jeunes Universités auxquels l'auteur le destine.

Chapitre 1

Espaces métriques (généralités)

1.1 Notions métriques

1.1.1 Distance - Espace métrique

Une distance sur un ensemble E , non vide est toute application d de E^2 dans $\mathbb{R}$, vérifiant les quatres axiomes :

D.1 $d(x,y) \geq 0$;

D.2 $d(x,y) = 0 \Longleftrightarrow x = y$;

D.3 $d(x,y) = d(y,x)$;

D.4 $d(x,y) \leq d(x,z) + d(z,y)$ (inégalité triangulaire).

Un espace métrique est un ensemble E muni d'une distance d, cette structure sera souvent notée (E, d) . Plusieurs distances peuvent être définies sur un même ensemble. On en verra des exemples.

1.1.2 Propriétés élémentaires d'une distance

1. L'axiome D.4 se généralise par récurence :
   $d(x_1, x_n) \leq d(x_1, x_2) + d(x_2, x_3) + \ldots + d(x_{n-1}, x_n)$
2. On a : $d(x,y) \geq |d(x,z) - d(y,z)|$

En effet :
$d(x,z) \leq d(x,y) + d(y,z)$ donc $d(x,y) \geq d(x,z) - d(y,z)$
$d(y,z) \leq d(y,x) + d(x,z)$ donc $d(x,y) \geq d(y,z) - d(x,z)$.

1.1.3 Espace ultramétrique

Si l'axiome D.4 est remplacé par l'axiome plus fort :
D$'$.4 $\quad d(x,y) \leq \max[d(x,z), d(z,y)]$.
(E, d) est alors appelé un espace ultramétrique.

1.1.4 Exemple de distances

1. Distance discrète.

   Tout ensemble E peut être muni de la distance , appelée distance discrète définie par : $\begin{cases} d(x,y) = 1 & \text{si } x \neq y \\ d(x,y) = 0 & \text{si } x = y \end{cases}$

   E est alors dit un espace métrique discret (en fait il est ultramétrique).

2. L'espace $\mathbb{R}^n$ peut être muni de diverses distances bien connues : si $x = (x_1, ..., x_n)$ et $y = (y_1, ..., y_n)$

   a. distance euclidienne : $d(x,y) = \sqrt{\sum\limits_{i=1}^{n} (x_i - y_i)^2}$

   b. distance : $d(x,y) = \sum\limits_{i=1}^{n} |x_i - y_i|$

   c. distance : $d(x,y) = \max\limits_{1 \leq i \leq n} |x_i - y_i|$.

   Dans $\mathbb{R}$, ces trois distances se confondent à : $d(x,y) = |x - y|$.

1.1.5 Norme - Espace normé.

Il s'agit ici d'une structure beaucoup plus riche, à la fois algébrique et métrique.
Soit E un espace vectoriel sur $\mathbb{R}$ ou sur $\mathbb{C}$, une norme sur E est toute application n de E dans $\mathbb{R}^+$ vérifiant les quatre axiomes :

N.1 $n(x) \geq 0$;

N.2 $n(x) = 0 \Longleftrightarrow x = 0$;

N.3 $n(\lambda x) = |\lambda| \, n(x)$ ($|\lambda|$: valeur absolue ou module) ;

N.4 $n(x+y) \leq n(x) + n(y)$ (inégalité triangulaire).

Un espace normé est un espace vectoriel muni d'une norme.
Lorsqu'une norme est bien déterminée sans ambiguité, on note généralement $||x||$ au lieu de $n(x)$.
Tout espace normé est un espace métrique en le munissant de la distance "associée à la norme" : $d(x,y) = ||x-y||$.

1.1.5.1 Exemples de normes

Dans $\mathbb{R}^n$, avec la structure vectoriel usuelle, si $x = (x_1, \cdots, x_n)$

a. norme euclidienne : $||x|| = \sqrt{\sum\limits_{i=1}^{n} x_i^2}$;

b. norme : $||x|| = \sum\limits_{i=1}^{n} |x_i|$;

c. norme : $||x|| = \max\limits_{1 \leq i \leq n} |x_i|$.

Dans $\mathbb{R}$: $||x|| = |x|$.
Ces normes engendrent respectivement les distances citées précédemment en exemples.

1.1.5.2 Propriétés élémentaires d'une norme.

1. $||-x|| = ||x||$;
2. $||x-y|| = |||x|| - ||y|||$;
3. $||x|| = d(x,0)$;
4. $d(x+z, y+z) = d(x,y)$;
5. $d(\lambda x, \lambda y) = |\lambda| \, d(x,y)$ pour la distance associée à la norme ;
6. Si $\mathrm{E} \neq \{0\}$, pour tout $\alpha \in \mathbb{R}^+$, il existe au moins un vecteur x tel que $||x|| = \alpha$.

En effet : fixons $y \in \mathrm{E}$ avec $y \neq 0$, donc $||y|| \neq 0$, en posant $x = \frac{\alpha}{||y||} y$, on a bien $||x|| = \alpha$.
Ceci montre qu'une norme n'est jamais bormé, ce n'est pas le cas pour

une distance (par exemple discrete). Il en resulte qu'une distance sur un espace vectoriel n'est pas nécessairement associée à une norme. Tout ce qui sera défini ou démontré dans les espaces métriques sera à fortiori valable dans les espaces normés, mais les espaces normés possèdent beaucoup plus de propriétés qui seront étudiées plus en détail dans un chapitre ultérieur.

1.1.6 Isométrie.

Soient deux espaces métriques (E, d) , (E', d') .
Une application f de E dans E′ est dite une isométrie si, quels que soient x, y : $d'(f(x), f(y)) = d(x, y)$.
Il en résulte que f est nécessairement injective. Si en outre, f est surjectve (donc bijective), on parlera d'isométrie de E sur E′. Dans ce cas, f^{-1} est une isométrie de E′ sur E, on dira que les espaces E et E′ sont isométriques.

Cas particulier :
Si E et E′ sont des espaces normés, toute application linéaire f vérifiant :
$\|f(x)\| = \|x\|$ est une isométrie :
$d'(f(x), f(y)) = \|f(x) - f(y)\| = \|f(x-y)\| = \|x-y\| = d(x, y)$.

1.1.7 Transport d'une distance.

Soient (E, d) un espace métrique et E′ un ensemble non muni d'une distance mais équipotent à E, c'est-à-dire : il existe une bjection f de E sur E′.
On peut alors définir une distance sur E′ par transport :

$$d'(x', y') = d\left(f^{-1}(x'), f^{-1}(y')\right).$$

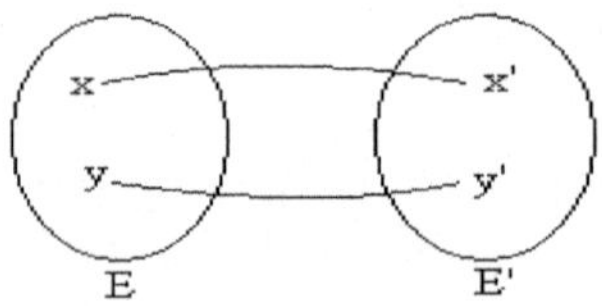

On a alors $d'(f(x), f(y)) = d(x, y)$. f devient donc une isométrie de E sur E$'$ muni de la distance transportée.

Exemple 1.1. *Soit* $f :]-1, 1[\to \mathbb{R}$ *définie comme suit :* $f(x) = \frac{x}{1-|x|}$.
f *est bijective.*
En effet : si $y \in \mathbb{R}$ *et si* $x \in]-1, 1[$, *l'équation* $y = \frac{x}{1-|x|}$ *a une solution et seule en* x : x *et* y *ont le même signe* ε, $y = \frac{x}{1-\varepsilon x}$, $y - \varepsilon xy = x$, *d'où* $x = \frac{y}{1+\varepsilon y} = \frac{y}{1+|y|}$ *qui appartient bien à* $]-1, 1[$.
Ce qui nous fournit l'application inverse : $f^{-1}(y) = \frac{y}{1+|y|}$.
Le graphe de f *s'obtient par raccordement en 0 de deux morçeaux d'hyperboles.*

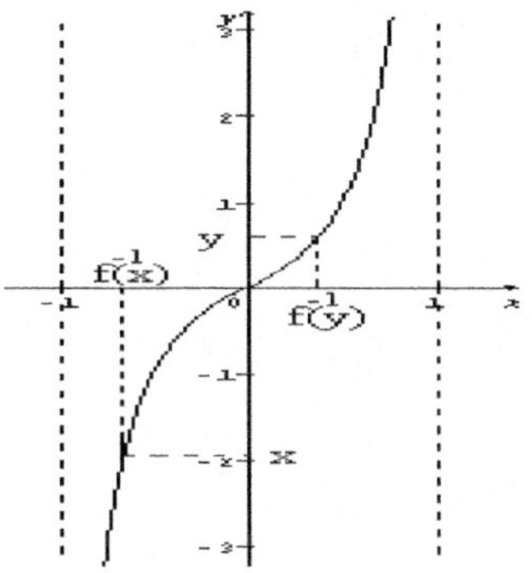

1. *Munissons* $]-1, 1[$ *de la distance* $d(x, y) = |x - y|$. *Par transport on obtient une nouvelle distance sur* $\mathbb{R}$:
   $d'(x, y) = |f^{-1}(x) - f^{-1}(y)| = \left|\frac{x}{1+|x|} - \frac{y}{1+|y|}\right|$.
   Notons qu'il s'agit d'une distance bornée : $d'(x, y) < 2$.
   Exemple $d(2, 5) = \left|\frac{2}{3} - \frac{5}{6}\right| = \frac{1}{6}$.
2. *Soit* $\overline{\mathbb{R}}$ *la droite numérique achevée (par* $+\infty$ *et* $-\infty$*) et prolongeons* f *en* $\mathrm{F} : [-1, 1] \to \overline{\mathbb{R}}$ *par :* $\mathrm{F}(-1) = -\infty$ *et* $\mathrm{F}(1) = +\infty$.
   F *est encore une bijection et permet de transporter la distance euclidienne de* $[-1, 1]$ *sur* $\overline{\mathbb{R}}$ *qui est alors muni de la distance (bornée)* $\overline{d}$ *ainsi définie :*
   - *Si* $x \in \mathbb{R}$ *et* $y \in \mathbb{R}$: $\overline{d}(x, y) = \left|\frac{x}{1+|x|} - \frac{y}{1+|y|}\right|$;
   - *Si* $x \in \mathbb{R}$: $\overline{d}(x, +\infty) = \left|\frac{x}{1+|x|} - 1\right|$; $\overline{d}(x, -\infty) = \left|\frac{x}{1+|x|} + 1\right|$;

- $\overline{d}(-\infty, +\infty) = 2$.

1.1.8 Boules et sphères.

Soient : (E, d) un espace métrique, $a \in \mathrm{E}$, r un nombre réel strictement positif. On définit les ensembles suivants :

- Boule ouverte de centre a et de rayon r :
  $\mathrm{B}(a, r[= \{x \in \mathrm{E} \ / \ d(a, x) < r\}$;
- Boule fermée de centre a et de rayon r :
  $\mathrm{B}(a, r] = \{x \in \mathrm{E} \ / \ d(a, x) \leq r\}$;
- sphère de centre a et de rayon r : $\mathrm{S}(a, r) = \{x \in \mathrm{E} \ / \ d(a, x) = r\}$.

Exemple 1.2. *1. Dans $\mathbb{R}^2$, si $a = (a_1, a_2)$:*

a. Pour la distance euclidienne, une boule est un "disque" de rayon r.

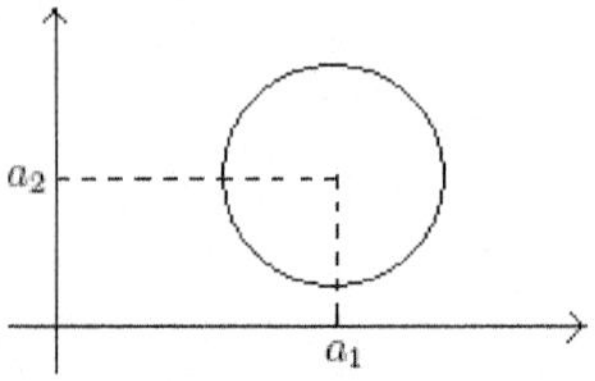

b. Pour la distance $\mathrm{Max}(|x_1 - y_1|, |x_2 - y_2|)$, *une boule est un "pavé" de côté $2r$.*

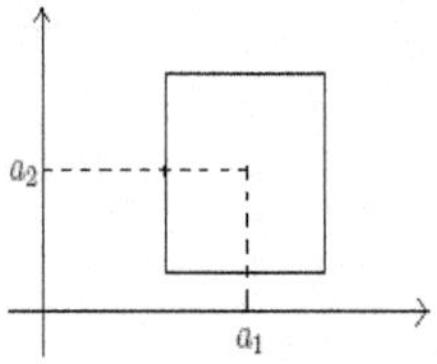

2. Dans un espace discret E

- *Si* $r > 1 : \mathrm{B}(a, r[= \mathrm{B}(a, r] = \mathrm{E}, \quad \mathrm{S}(a, r) = \Phi$;
- *Si* $r < 1 : \mathrm{B}(a, r[= \mathrm{B}(a, r] = \{a\}, \quad \mathrm{S}(a, r) = \Phi$;
- *Si* $r = 1 : \mathrm{B}(a, r[= \{a\}, \quad \mathrm{B}(a, r] = \mathrm{E}, \quad \mathrm{S}(a, r) = \mathrm{E} - \{a\}$.

On notera qu'une sphère peut être vide, mais jamais une boule (elle contient au moins le centre), deux boules peuvent être identiques sans avoir le même rayon ou le même centre (ces phénomènes peuvents aussi se produire dans des espaces non discrets).

1.1.8.1 Propriétés élémentaires

- $\mathrm{B}(a,r[\subset \mathrm{B}(a,r]$;
- $\mathrm{S}(a,r)\subset \mathrm{B}(a,r]$;
- $\mathrm{B}(a,r] = \mathrm{B}(a,r[\bigcup \mathrm{S}(a,r)$;
- Si $r\leq r'$: $\mathrm{B}(a,r[\subset \mathrm{B}(a,r'[$ et $\mathrm{B}(a,r]\subset \mathrm{B}(a,r']$;
- Si $r\leq r'$: $\mathrm{B}(a,r]\supset \mathrm{B}(a,r'[$.

1.1.9 Distance d'un point à un ensemble.

Soient : (E,d) un espace métrique, $x\in\mathrm{E}$, A une partie non vide de E. On définit la distance de x à A par : $d(x,\mathrm{A}) = \inf\limits_{y\in\mathrm{A}} d(x,y)$.

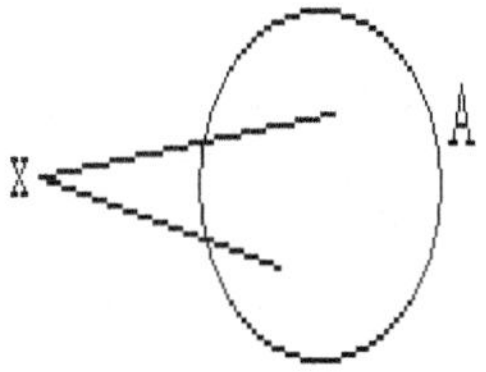

Si on pose $\delta = d(x,\mathrm{A})$, ce nombre est défini par les conditions suivantes :

$$\begin{cases} \text{Pour tout } \ y\in\mathrm{A} : \delta\leq d(x,y) \\ \text{Quel que soit } \varepsilon>0, \text{ il existe } y\in\mathrm{A} \text{ tel que } d(x,y)<\delta+\varepsilon \end{cases}$$

Remarque 1.1. *Si* $x\in\mathrm{A}$, *on a évidemment* $d(x,\mathrm{A})=0$, *mais la réciproque est inexacte :*
Dans $\mathbb{R}$ *eucliendient :* $d(1,]0,1[) = 0$; $d(x,\mathbb{Q}) = 0$ *pour tout* x *irrationnel.*

1.1.10 Distance de deux ensembles

Soient A et B deux parties non vides d'un espace métrique (E, d). On définit la distance de A à B comme suit :

$$\begin{aligned} d(\mathrm{A},\mathrm{B}) &= \inf_{x\in \mathrm{A};\ y\in \mathrm{B}} d(x,y) \\ &= \inf_{x\in \mathrm{A}} d(x,\mathrm{B}) \\ &= \inf_{y\in \mathrm{B}} d(y,\mathrm{A}) \end{aligned}$$

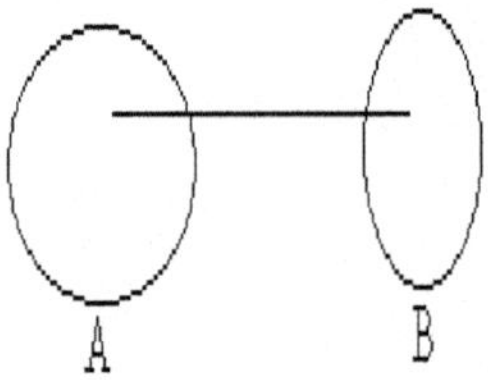

Remarque 1.2. – *Si* $\mathrm{A}\bigcap \mathrm{B} \neq \Phi$, *on a évidemment* $d(\mathrm{A},\mathrm{B}) = 0$, *mais la réciproque est inexacte : dans* $\mathbb{R}$ *euclidien,* $d(\mathbb{Q},\mathbb{I}) = 0$, *(*$\mathbb{I}$ *est l'ensemble des irrationnels).*

– *On n'a pas non plus l'inégalité triangulaire* $d(\mathrm{A},\mathrm{B}) \leq d(\mathrm{A},\mathrm{C}) + d(\mathrm{C},\mathrm{B})$. *Dans* $\mathbb{R}$ *euclidien, si* $\mathrm{A} = [0,2]$ $\mathrm{B} = [3,5]$, $\mathrm{C} = [1,4]$ *on a* $d(\mathrm{A},\mathrm{B}) = 1$ $d(\mathrm{A},\mathrm{C}) = 0 = d(\mathrm{C},\mathrm{B})$.
Il ne s'agit pas d'une distance sur $\mathcal{P}(\mathrm{E})$.

1.1.11 Diamètre d'un ensemble.

Si A est une partie non vide d'un espace métrique (E, d), on définit le diamètre de A par : $\mathrm{D}(\mathrm{A}) = \sup_{x\in \mathrm{A};\ y\in \mathrm{B}} d(x,y)$.

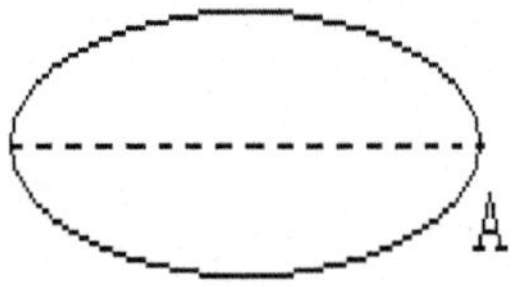

$\mathrm{D}(\mathrm{A})$ est un nombre réel ou $+\infty$.

Propriété 1.1. 1. *Si* $A \subset B : D(A) \leq D(B)$;

2. $D(A) = 0 \Longleftrightarrow A$ *est un singleton ;*
3. *Pour une boule (ouverte ou fermée) :*
   $D(B(a,r]) \leq 2r$ *car* $d(x,y) \leq d(x,a) + d(a,y) \leq 2r$.
   Il n'y a pas nécessairement égalité, par exemple dans un espace discret :
   $D\left(B(a,\frac{1}{2}]\right) = 0, \ D(B(a,2]) = 1.$
4. $D(A \bigcup B) \leq D(A) + D(B) + d(A,B)$.
   En effet, soient $x, \ y$ *dans* $A \bigcup B$:
   - *Si* $x, \ y$ *sont dans* $A : d(x,y) \leq D(A)$;
   - *Si* $x, \ y$ *sont dans* $B : d(x,y) \leq D(B)$;
   - *Si* $x \in A$ *et* $y \in B$ *prenons* $a \in A$ *et* $b \in B$:

$$\begin{aligned} d(x,y) &\leq d(x,a) + d(a,b) + d(b,y) \\ &\leq D(A) + D(B) + d(a,b) \quad \textit{quels que soient } a \textit{ et } b \end{aligned}$$

donc $d(x,y) \leq D(A) + D(B) + d(A,B)$.

1.1.12 Ensembles bornés.

Une partie A d'un espace métrique (E, d) est dite bornée si $A = \Phi$ ou si $D(A)$ est fini.

Propriété 1.2. 1. *Toute partie d'une partie bornée est bornée ;*

2. *La réunion de deux parties bornées est bornée, et par suite il en est de même pour toute réunion finie ;*
3. *Toute boule est bornée ;*
4. *Pour qu'une partie* A *soit bornée, il faut et il suffit qu'elle soit contenue dans une boule :*
   - *Si* A *est contenue dans une boule, elle est bornée,*
   - *Si* A *est bornée non vide (le cas* $A = \Phi$ *est trivial) :*
     - *pour tout* $a \in A : A \subset B(a, D(A))$;
     - *Mais on peut également choisir le centre* $x \in E$ *de façon arbitraire :*
       $A \subset B(x, D(A) + d(x,A))$ *car si :*
       $y \in A : d(x,y) \leq D(A \bigcup \{x\}) \leq D(A) + d(x,A)$.

Remarque 1.3. *1. La notion de "borné" dépend éssentiellement de la distance choisie ;*

– $\mathbb{R}$ avec la distance euclidienne n'est pas borné.

– $\mathbb{R}$ avec la distance transportée de $]-1, 1[$ est borné.

2. Dans le cas d'un espace normé, dire que A *est borné signifie simplement (lorsque* $\mathrm{A} \neq \Phi$*) : il existe* $\mathrm{M} > 0$ *tel que pour tout* $x \in \mathrm{A}$ *:*

$$||x|| \leq \mathrm{M}.$$

1.1.13 Produit fini d'espaces métriques

On peut se limiter à 2 espaces métriques (E_1, d_1) et (E_2, d_2), sur l'ensemble $\mathrm{E} = \mathrm{E}_1 \times \mathrm{E}_2$ on définit la distance d (appelée distance produit) comme suit :

$$d((x_1, x_2), (y_1, y_2)) = \max[d_1(x_1, x_2), d_2(y_1, y_2)].$$

(On vérifiera les axiomes à titre d'exercice). Par exemple, avec $\mathbb{R}$ euclidien on obtient sur $\mathbb{R}^2$ la distance : $\max(|x_1 - x_2|, |y_1 - y_2|)$.
Soient $a(a_1, a_2) \in \mathrm{E}_1 \times \mathrm{E}_2$ et $r > 0$, considérons les boules :
$\mathrm{B}(a, r]$ pour la distance produit, $\mathrm{B}(a_1, r]$ pour la distance d_1 dans E_1 et $\mathrm{B}(a_2, r]$ pour la distance d_2 dans E_2.

$$\begin{aligned}(x_1, x_2) &\in \mathrm{B}(a, r] \Longleftrightarrow \max[d_1(x_1, a_1), d_2(x_1, a_2)] \leq r \\ &\Longleftrightarrow d_1(x_1, a_1) \leq r \quad \text{et} \quad d_2(x_2, a_2) \leq r \\ &\Longleftrightarrow x_1 \in \mathrm{B}(a_1, r] \quad \text{et} \quad x_2 \in \mathrm{B}(a_2, r]\end{aligned}$$

On a donc : $\mathrm{B}(a, r] = \mathrm{B}(a_1, r] \times \mathrm{B}(a_2, r]$. (même résultat avec des boules ouvertes).
Dans le cas de deux espaces normés $(\mathrm{E}_1, ||\ ||_1)$, $(\mathrm{E}_2, ||\ ||_2)$, on définit de même sur $\mathrm{E}_1 \times \mathrm{E}_2$ (avec la structure vectorielle produit usuelle) la norme produit :

$$||(x_1, x_2)|| = \max(||x_1||_1, ||x_2||_2).$$

Elle engendre la distance produit des distances associées aux normes.

1.1.14 Distances équivalentes.

Soient d_1 et d_2 deux distances sur un même ensemble E, on dit qu'elles sont équivalentes s'il existe deux nombres réels $a > 0$ et $b > 0$ tels que , quels que soient x, y :

$$ad_2(x,y) \leq d_1(x,y) \leq bd_2(x,y).$$

(il s'agit effectivement d'une relation d'équivalence, comme on le vérifiera aisement).

Propriété 1.3.

1. *Si deux distances sont équivalentes, si l'une est bornée alors l'autre aussi.*
2. *Soient $x \in \mathrm{E}$ et $r > 0$, on notera $\mathrm{B}_1(x,r[$, $\mathrm{B}_2(x,r[$ les boules associées aux distances d_1 et d_2. Si d_1 et d_2 sont équivalentes on a le résultat suivant : Pour un centre fixé, toute boule pour d_1 contient une boule pour d_2, et réciproquement.*
   En effet : soit $\mathrm{B}_1(x,r[$ et posons $r' = \frac{r}{b}$. si $d_2(x,y) < r'$:
   $d_1(x,y) \leq bd_2(x,) < br' = r$. Donc $\mathrm{B}_2(x,r'[\subset \mathrm{B}_1(x,r[$.

1.1.15 Normes équivalentes.

Deux normes n_1 et n_2 sur un espace vectoriel E sont dites équivalentes s'il existe deux nombres réels $a > 0$ et $b > 0$ tels que, quels que soit x : $an_2(x) \leq n_1(x) \leq bn_2(x)$.
Dans ce cas elles engendrent deux distances équivalentes.

Exemple 1.3.

1. *Dans $\mathbb{R}^2$ (plus généralement dans $\mathbb{R}^n$) , les 3 normes $\sqrt{x_1^2 + x_2^2}$, $|x_1|+|x_2|$, $\max(|x_1|,|x_2|)$ sont équivalentes car :*
   $\max(|x_1|,|x_2|) \leq |x_1| + |x_2| \leq 2\max(|x_1|,|x_2|)$ *et*
   $\max(|x_1|,|x_2|) \leq \sqrt{x_1^2 + x_2^2} \leq \sqrt{2}\max(|x_1|,|x_2|)$.
   Les distances associées sont donc équivalentes.
2. *Dans $\mathbb{R}$, la distance euclidienne et la distance transportée de $]-1,1[$ ne sont pas équivalentes, car l'une est bornée et l'autre non.*

3. *Dans un produit de deux espaces métriques* (E_1, d_1), (E_2, d_2) *la distance produit :* $\max\left[d_1(x_1, y_1), d_2(x_2, y_2)\right]$ *est équivalente à :* $d_1(x_1, y_1) + d_2(x_2, y_2)$ *ou à :*

$$\sqrt{(d_1(x_1, y_1))^2 + (d_2(x_2, y_2))^2}.$$

Remarque 1.4.

- *Nous verrons plus tard d'autres notions d'équivalence de distances.*
- *la notion de distances équivalentes assure la conservation de propriétés "topologiques" (limite, continuité,...) que nous étudierons plus tard.*
- *On verra en particulier, que toutes les normes définissables sur un espace vectoriel de dimension fini (par exemple* $\mathbb{R}^n$*) sont toutes équivalentes entre elles.*

1.2 Notions topologiques.

Nous introduirons plus tard une structure très générale, celle d'espace topologique, qui comprend comme cas particuliers les espaces métriques et les espaces normés, mais dès maintenant, nous allons utiliser le langage topologique pour les espaces métriques (ou normés).

1.2.1 Voisinages d'un point

Soient un espace métrique (E, d) et un point $x \in \mathrm{E}$, on appelle voisinage de x toute partie V de E contenant une boule de centre x.
N.B : Il est inutile de preciser s'il s'agit d'une boule ouverte ou fermée car :
Si $\mathrm{V} \supset \mathrm{B}(x, r]$ alors $\mathrm{V} \supset \mathrm{B}(x, r[$;
Si $\mathrm{V} \supset \mathrm{B}(x, r[$ alors $\mathrm{V} \supset \mathrm{B}(x, \frac{r}{2}]$.
L'ensemble des voisinages de x sera noté $\mathcal{V}(x)$. En particulier toutes les boules de centre x sont des voisinages de x.

Propriété 1.4. 1. *Si* $\mathrm{V} \in \mathcal{V}(x) : x \in \mathrm{V}$;

2. *Si* $\mathrm{V} \in \mathcal{V}(x)$ *et* $\mathrm{W} \supset \mathrm{V} : \mathrm{W} \in \mathcal{V}(x)$;

3. *Si* $V \in \mathcal{V}(x)$ *et si* $W \in \mathcal{V}(x) : W \cap V \in \mathcal{V}(x)$; *(plus généralement intersection finie).*
   En effet, si $V \supset B(x, r[$ *et* $W \supset B(x, r'[$ *alors* $W \cap V \supset B(x, \min(r, r')[$.

4. *Si* $V \in \mathcal{V}(x)$, *il existe* $W \in \mathcal{V}(x)$ *tel que pour tout* $y \in W$: $V \in \mathcal{V}(y)$.
   En effet, si $V \supset B(x, r[$ *posons* $W = B(x, r[$, *on a bien* $W \in \mathcal{V}(x)$. *Soit* $y \in W$, *donc* $d(x, y) < r$, *posons* $r' = r - d(x, y)$, *alors* $V \supset B(y, r'[$, *en effet : si* $d(y, z) < r' : d(x, z) \leq d(x, y) + d(y, z) < d(x, y) + r' = r$. *Donc* $z \in V$.

5. *Si* $x \neq y$, *il existe* $V \in \mathcal{V}(x)$ *et* $W \in \mathcal{V}(y)$ *tels que* $W \cap V = \Phi$. *(propriété de séparation).*
   En effet, si $x \neq y$, $r = d(x, y) > 0$, *posons* $V = B(x, \frac{r}{2}[$ *et* $W = B(y, \frac{r}{2}[$, *on a bien* $V \in \mathcal{V}(x)$ *et* $W \in \mathcal{V}(y)$, *en outre : si* $z \in W \cap V : r = d(x, y) \leq d(x, z) + d(z, y) < \frac{r}{2} + \frac{r}{2} = r$. *Contradition. Donc* $W \cap V = \Phi$.

6. *Si* d_1 *et* d_2 *sont deux distances équivalentes sur* E, *les voisinages sont exactement les mêmes pour les deux structures d'espace métrique, car toute boule pour* d_1 *contient une boule pour* d_2 *et réciproquement.*

Exemple 1.4. 1. *Dans* $\mathbb{R}$ *euclidien, un voisinage de* x *est tout ensemble contenant un intervalle de centre* x : $]x - \varepsilon; x + \varepsilon[$ $(\varepsilon > 0)$.

2. *Dans un espace discret, un voisinage de* x *est tout ensemble contenant* x, *car* $B(x, \frac{1}{2}] = \{x\}$.

3. *Dans* $\mathbb{R}^2$ *(plus généralement dans* $\mathbb{R}^n$*), quelle que soit l'une des 3 distances :*

   - $\sqrt{(x_1 - y_1)^2 + (x_2 - y_2)^2}$;
   - $\max(|x_1 - y_1|, |x_2 - y_2|)$;
   - $|x_1 - y_1| + |x_2 - y_2|$.

   les voisinages de x *sont les mêmes : tout ensemble contenant un disque de centre* x.

4. *Dans $\overline{\mathbb{R}}$ avec la distance $\overline{d}$ transportée de la distance euclidienne sur* $[-1;1]$, *on verra à titre d'exercice que les voisinages de x sont ainsi définis :*
   - *Si $x \in \mathbb{R}$: toute partie de $\overline{\mathbb{R}}$ contenant un intervalle* $]x-\varepsilon;x+\varepsilon[$;
   - *Si $x = +\infty$: toute partie de $\overline{\mathbb{R}}$ contenant un intervalle* $]a;+\infty]$;
   - *Si $x = -\infty$: toute partie de $\overline{\mathbb{R}}$ contenant un intervalle* $[-\infty;a[$.
5. *Soit $\mathbb{R}$ muni de la distance d' transportée de la distance eulidienne sur* $]-1;1[$ *par l'application $f : f(x) = \frac{x}{1-|x|}$:*
   $d'(x,y) = |f^{-1}(x) - f^{-1}(y)|$ *avec* $f^{-1}(x) = \frac{x}{1+|x|}$.

Nous noterons $\mathrm{B}'(x,r[$ une boule au sens de d'. La continuité de f^{-1} permet d'écrire pour tout $r > 0$, il existe $r' > 0$, tel que $|x-y| < r' \Rightarrow |f^{-1}(x) - f^{-1}(y)| < r$,
d'où : $]x-r';x+r'[\subset \mathrm{B}'(x,r[$.
Donc toute boule au sens de d' contient un intervalle, et de façon analogue (par continuité de f) tout intervalle contient une boule au sens de d'.
Autrement dit, les voisinages d'un point x sont les mêmes pour la distance euclidienne ou pour la distance d', et pourtant ces distances ne sont pas équivalentes.
Ceci nous amène à la définition suivante :

Théorème 1.1 (Distances topologiquement équivalentes)**.** *Si deux distances sont équivalentes, alors elles sont topologiquement équivalentes. La réciproque est inexacte (conf. le contre exemple précédent).*

1.2.2 Ouverts et fermés.

Soit A une partie d'un espace métrique (E, d).

1. A est dit un ensemble ouvert si :
   - ou bien $\mathrm{A} = \Phi$
   - ou bien A est voisinage de chacun de ses points, c'est-à-dire pour tout $x \in \mathrm{A}$, il existe $r > 0$ tel que $\mathrm{A} \supset \mathrm{B}(x,r[$.

2. A est dit un ensemble fermé si $\complement A$ est ouvert.

Remarque 1.5. – *E et Φ sont à la fois ouverts et fermés (on dit des "ofs" ou "clopen"), mais ce ne sont pas nécessairement les seuls.*
– *Il peut exister des ensembles ni ouverts ni fermés, par exemple $[a, b[$ dans $\mathbb{R}$ euclidien.*

Exemple 1.5. *1. Toute boule ouverte est un ensemble ouvert : si $x \in \mathrm{B}(a, r[$, posons $\rho = r - d(a, x) > 0$ alors $\mathrm{B}(x, \rho[\subset \mathrm{B}(a, r[$ car : si $d(x, y) < \rho$:*
$d(a, y) \leq d(a, x) + d(x, y) < r - \rho + \rho = r.$

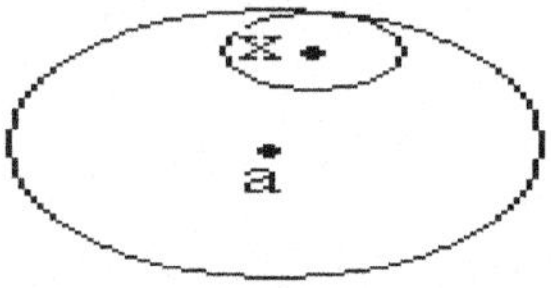

2. Toute boule fermée est un ensemble fermé : si $x \in \complement \mathrm{B}(a, r]$, posons $\rho = d(a, x) - r > 0$ alors $\mathrm{B}(x, \rho[\subset \complement \mathrm{B}(a, r]$ car :

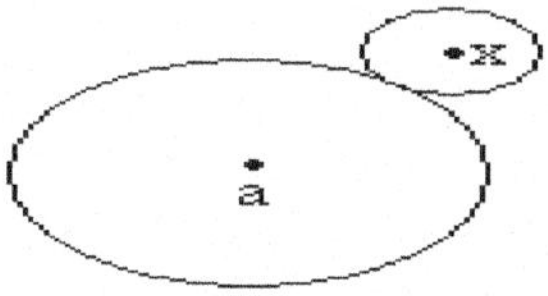

si $d(x, y) < \rho$:
$d(a, y) \geq d(a, x) - d(x, y) > \rho + r - \rho = r.$

3. Dans un espace discret, tout ensemble est ouvert (car $\{x\}$ est voisinage de x), donc tout ensemble est aussi fermé.

Théorème 1.2. *a. La réunion d'une famille quelconque d'ouverts est un ouvert.*

b. L'intersection d'une famille finie d'ouverts est un ouvert.

c. L'intersection d'une famille quelconque de fermés est un fermé.

d. La réunion d'une famille finie de fermés est un fermé.

Démonstration. a. Soit $(\mathrm{A}_i)_{i\in \mathrm{I}}$ une famille d'ouverts et soit $x \in \bigcup \mathrm{A}_i$: il existe $j \in \mathrm{I}$ tel que $x \in \mathrm{A}_j$, donc $\mathrm{A}_j \in \mathcal{V}(x)$, à fortiori $\bigcup \mathrm{A}_i \in \mathcal{V}(x)$.

b. Car l'intersection de 2 (et par suite d'un nombre fini) de voisinages de x est un voisinage de x.

c. et d. se déduisent de a. et b. par passage au complémentaire. □

Remarque 1.6. *1. Les propriétés b. et d. peuvent être inexactes pour des familles non finies, par exemple dans l'euclidien* $\mathbb{R}$ *:* $\bigcap_{n>0} \left]-\frac{1}{n}; \frac{1}{n}\right[= \{0\}$ *qui n'est pas ouvert.*

2. Un singleton $\{x\}$ *est toujours fermé : si* $y \in \complement\{x\}$, $y \neq x$ *donc il existe* $\mathrm{V} \in \mathcal{V}(x)$ *et* $\mathrm{W} \in \mathcal{V}(y)$ *tels que* $\mathrm{V} \cap \mathrm{W} = \Phi$, *donc* $x \notin \mathrm{W}$: $\mathrm{W} \subset \complement\{x\}$. *Toute partie finie est aussi fermée.*

3. Une sphère $\mathrm{S}(a, r)$ *est toujours fermée :*
$\complement\mathrm{S}(a, r) = \mathrm{B}(a, r[\bigcup \complement\mathrm{B}(a, r]$.

1.2.3 Adhérence.

Soit A une partie d'un espace métrique (E, d), un point x de E est dit adhérent à A si :
pour tout $\mathrm{V} \in \mathcal{V}(x)$: $\mathrm{V} \cap \mathrm{A} \neq \Phi$.
L'ensemble des points adhérents à A est appelé l'adhérence de A, notée $\overline{\mathrm{A}}$.

Exemple 1.6. *Dans* $\mathbb{R}$ *euclidien :* $\overline{[a, b[} = [a, b]$.

Propriété 1.5 (Propriétés topologiques)**.** *1.* $\mathrm{A} \subset \overline{\mathrm{A}}$

2. $\overline{\Phi} = \Phi$, $\overline{\mathrm{E}} = \mathrm{E}$

3. $x \notin \overline{\mathrm{A}} \Leftrightarrow$ *il existe* $\mathrm{V} \in \mathcal{V}(x)$ *tel que* $\mathrm{V} \subset \complement\mathrm{A} \Leftrightarrow \complement\mathrm{A} \in \mathcal{V}(x)$

4. Si $\mathrm{A} \subset \mathrm{B} : \overline{\mathrm{A}} \subset \overline{\mathrm{B}}$.

5. $\overline{\mathrm{A} \cup \mathrm{B}} = \overline{\mathrm{A}} \cup \overline{\mathrm{B}}$, *en effet :*

- $\mathrm{A} \subset \mathrm{A} \cup \mathrm{B}$ *et* $\mathrm{B} \subset \mathrm{A} \cup \mathrm{B}$, *donc* $\overline{\mathrm{A}} \subset \overline{\mathrm{A} \cup \mathrm{B}}$ *et* $\overline{\mathrm{B}} \subset \overline{\mathrm{A} \cup \mathrm{B}}$, *donc* $\overline{\mathrm{A}} \cup \overline{\mathrm{B}} \subset \overline{\mathrm{A} \cup \mathrm{B}}$.
- *Si* $x \notin \overline{\mathrm{A}} \cup \overline{\mathrm{B}}$: $\complement\mathrm{A}$ *et* $\complement\mathrm{B}$ *sont voisinages de* x, *donc aussi* $\complement\mathrm{A} \cap \complement\mathrm{B} = \complement(\mathrm{A} \cup \mathrm{B})$, *donc* $x \notin \overline{\mathrm{A} \cup \mathrm{B}}$.

6. $\overline{\mathrm{A}\cap\mathrm{B}}\subset\overline{\mathrm{A}}\cap\overline{\mathrm{B}}$ *car* $\mathrm{A}\cap\mathrm{B}\subset\mathrm{A}$ *et* $\mathrm{A}\cap\mathrm{B}\subset\mathrm{B}$, *donc* $\overline{\mathrm{A}\cap\mathrm{B}}\subset\overline{\mathrm{A}}$ *et* $\overline{\mathrm{A}\cap\mathrm{B}}\subset\overline{\mathrm{B}}$.

   Il n'y a pas nécessairement égalité, par exemple dans l'euclidien $\mathbb{R}$: $\mathrm{A}=\{x>0\}$, $\overline{\mathrm{A}}=\{x\geq 0\}$, $\mathrm{B}=\{x<0\}$, $\overline{\mathrm{B}}=\{x\leq 0\}$; $\overline{\mathrm{A}\cap\mathrm{B}}=\overline{\Phi}=\Phi$ *et* $\overline{\mathrm{A}}\cap\overline{\mathrm{B}}=\{0\}$.

7. A *fermé* $\Leftrightarrow\mathrm{A}=\overline{\mathrm{A}}$. *En effet :*

$$\begin{aligned}\mathrm{A}\ \textit{fermé} &\Leftrightarrow \complement\mathrm{A}\ \textit{ouvert}\\ &\Leftrightarrow \textit{pour tout } x\in\complement\mathrm{A},\ \complement\mathrm{A}\in\mathcal{V}(x)\\ &\Leftrightarrow \textit{pour tout } x\in\complement\mathrm{A},\ x\notin\overline{\mathrm{A}}\\ &\Leftrightarrow \complement\mathrm{A}\subset\complement\overline{\mathrm{A}}\\ &\Leftrightarrow \overline{\mathrm{A}}\subset\mathrm{A}\\ &\Leftrightarrow \mathrm{A}=\overline{\mathrm{A}}\end{aligned}$$

8. $\overline{\mathrm{A}}$ *est le plus petit fermé contenant* A. *En effet :*
   - $\overline{\mathrm{A}}$ *est fermé : si* $x\in\complement\overline{\mathrm{A}}$, $\complement\mathrm{A}\in\mathcal{V}(x)$ *donc il existe* $\mathrm{V}\in\mathcal{V}(x)$ *tel que pour tout* $y\in\mathcal{V}(y)$: $\complement\mathrm{A}\in\mathcal{V}(y)$, *donc* $\mathrm{V}\in\complement\overline{\mathrm{A}}$, *d'où* $\complement\overline{\mathrm{A}}\in\mathcal{V}(x)$.
   - *Si* B *est un fermé tel que* $\mathrm{A}\subset\mathrm{B}$: $\overline{\mathrm{A}}\subset\overline{\mathrm{B}}\subset\mathrm{B}$.

9. $\overline{\overline{\mathrm{A}}}=\overline{\mathrm{A}}$.

Propriété 1.6 (Propriétés métriques). *1.* $x\in\overline{\mathrm{A}}\Leftrightarrow d(x,\mathrm{A})=0$. *En effet :*

$$\begin{aligned}d(x,\mathrm{A}) &= \inf_{y\in\mathrm{A}} d(x,y)=0\\ &\Leftrightarrow \textit{pour tout } \varepsilon>0 \textit{ il existe } y\in\mathrm{A}: d(x,y)<\varepsilon\\ &\Leftrightarrow \textit{pour tout } \varepsilon>0,\ \mathrm{B}(x,\varepsilon[\cap\mathrm{A}\neq\Phi\\ &\Leftrightarrow x\in\overline{\mathrm{A}}.\end{aligned}$$

2. $\overline{\mathrm{B}(x,r[}\subset\mathrm{B}(x,r]$ *car* $\mathrm{B}(x,r[\subset\mathrm{B}(x,r]$ *et on prend les adhérences.*

N.B. Il n'y a pas nécessairement égalité, par exemple dans un espace discret : $\mathrm{B}(x,1[=\{x\}$, $\overline{\mathrm{B}(x,1[}=\{x\}$, $\mathrm{B}(x,1]=\mathrm{E}$.

1.2.4 Partie partout dense.

Dans un espace métrique (E, d), une partie A est dite partout dense si $\overline{A} = E$.

Exemple 1.7. *$\mathbb{Q}$ est partout dense dans $\mathbb{R}$.*

1.2.5 Intérieur-Extérieur-Frontière.

Soit A une partie d'un espace métrique (E, d),
on définit pour $x \in E$:

- x est intérieur à A, si $A \in \mathcal{V}(x)$.
  L'ensemble des points intérieurs à A est appelé l'intérieur de A et noté $\overset{\circ}{A}$.
- x est extérieur à A, si $\complement A \in \mathcal{V}(x)$. L'ensemble des points extérieurs à A est appelé l'extérieur de A et noté $Ext(A)$.
- x est point frontière de A s'il n'est ni intérieur, ni extérieur. L'ensemble des points frontières de A est appelé la frontière de A et noté $Fr(A)$.

Exemple 1.8. *Dans $\mathbb{R}$ euclidien, si :*
$A = [a, b[: \overset{\circ}{A} =]a, b[, Ext(A) = (\leftarrow, a[\cup]b, \rightarrow), Fr(A) = \{a, b\}$.

Propriété 1.7 (Propriétés topologiques). *1.* $\overset{\circ}{A} \subset A$

2. $Ext(A) \subset \complement A$

3. $Ext(A) = \overset{\circ}{\widehat{\complement A}}$ *et* $\overset{\circ}{A} = Ext(\complement A)$

4. $\overset{\circ}{A} \cup Ext(A) \cup Fr(A) = E$ *et ces 3 ensembles sont disjoints*

5. $Ext(A) = \complement\overline{A}$ *et* $\overset{\circ}{A} = \complement\overline{\complement A}$

6. $Fr(A) = \overline{A} \cap \overline{\complement A}$

7. $Fr\left(\overline{\complement A}\right) = Fr(A)$

8. $\overline{A} = \overset{\circ}{A} \cup Fr(A) \quad (= \complement Ext(A))$

9. $\overset{\circ}{A}$ *et* $Ext(A)$ *sont ouverts (complémentaires d'adhérences)*

10. $Fr(A)$ *est fermée*

11. Si $\mathrm{A} \subset \mathrm{B} : \overset{\circ}{\mathrm{A}} \subset \overset{\circ}{\mathrm{B}}$ *et* $Ext\,(\mathrm{B}) \subset Ext\,(\mathrm{A})$

12. A *est ouvert* $\Leftrightarrow \mathrm{A} = \overset{\circ}{\mathrm{A}}$ *et* A *est fermé* $\Leftrightarrow \complement\mathrm{A} = Ext\,(\mathrm{A})$

13. $\overset{\circ}{\mathrm{A}}$ *est le plus grand ouvert contenu dans* A.

14. $\overset{\circ}{\widehat{\mathrm{A} \cap \mathrm{B}}} = \overset{\circ}{\mathrm{A}} \cap \overset{\circ}{\mathrm{B}}$. *En effet :*

– $\mathrm{A} \cap \mathrm{B} \subset \mathrm{A}$ *et* $\mathrm{A} \cap \mathrm{B} \subset \mathrm{B}$, *donc* $\overset{\circ}{\widehat{\mathrm{A} \cap \mathrm{B}}} \subset \overset{\circ}{\mathrm{A}}$ *et* $\overset{\circ}{\widehat{\mathrm{A} \cap \mathrm{B}}} \subset \overset{\circ}{\mathrm{B}}$
d'où $\overset{\circ}{\widehat{\mathrm{A} \cap \mathrm{B}}} \subset \overset{\circ}{\mathrm{A}} \cap \overset{\circ}{\mathrm{B}}$.

15. $\overset{\circ}{\widehat{\mathrm{A} \cup \mathrm{B}}} \supset \overset{\circ}{\mathrm{A}} \cup \overset{\circ}{\mathrm{B}}$. *En effet :*

$\mathrm{A} \subset \mathrm{A} \cup \mathrm{B}$ *et* $\mathrm{B} \subset \mathrm{A} \cup \mathrm{B}$, *donc* $\overset{\circ}{\mathrm{A}} \subset \overset{\circ}{\widehat{\mathrm{A} \cup \mathrm{B}}}$ *et* $\overset{\circ}{\mathrm{B}} \subset \overset{\circ}{\widehat{\mathrm{A} \cup \mathrm{B}}}$
d'où $\overset{\circ}{\mathrm{A}} \cup \overset{\circ}{\mathrm{B}} \subset \overset{\circ}{\widehat{\mathrm{A} \cup \mathrm{B}}}$.

N.B. Il n'y a pas nécessairement égalité, par exemple dans $\mathbb{R}$: $\mathrm{A} = [0,1]$, $\overset{\circ}{\mathrm{A}} =]0,1[$, $\mathrm{B} = [1,2]$, $\overset{\circ}{\mathrm{B}} =]1,2[$, $\mathrm{A} \cup \mathrm{B} = [0,2]$ $\overset{\circ}{\widehat{\mathrm{A} \cup \mathrm{B}}} =]0,2[$,$\overset{\circ}{\mathrm{A}} \cup \overset{\circ}{\mathrm{B}} =]0,1[\cup]1,2[$

Propriété 1.8 (Propriétés métriques). *1.* $\overset{\circ}{\widehat{\mathrm{B}(x,r]}} \supset \mathrm{B}(x,r[$ *car* $\mathrm{B}(x,r] \supset \mathrm{B}(x,r[$. *Il n'y a pas nécessairement égalité, par exemple dans un espace discret :*

$\mathrm{B}(x,1] = \mathrm{E}$, $\overset{\circ}{\widehat{\mathrm{B}(x,1]}} = \mathrm{E}$, $\mathrm{B}(x,1[= \{x\}$.

2. La frontière d'une boule n'est pas nécessairement la sphère correspondante, par exemple dans un espace discret :
$Fr\,(\mathrm{B}(x,1[) = Fr\,(\{x\}) = \overline{\{x\}} \cap \complement\,\{x\} = \Phi$; $\mathrm{S}\,(x,1) = \mathrm{E} - \{x\}$.

1.2.6 Sous-espaces métriques

Soit A une partie non vide d'un espace métrique (E, d) , la restriction à A^2 de l'application $(x,y) \mapsto d\,(x,y)$ est évidemment une distance sur A, qui sera dite distance induite sur A. Muni de cette distance induite, A est alors un espace métrique, qui sera dit sous-espace de E.
Si on note B_{A} les boules dans A, elles sont ainsi faites :

$\mathrm{B_A}(x,r[=\{y\in \mathrm{A}\,/\,d(x,y)<r\}=\mathrm{B}(x,r[\cap \mathrm{A} \qquad (x\in \mathrm{A})$
$\mathrm{B_A}(x,r]=\{y\in \mathrm{A}\,/\,d(x,y)\leq r\}=\mathrm{B}(x,r]\cap \mathrm{A}$

1.2.6.1 Ensembles ouverts ou fermés sur A

Soit A un sous-espace de E et B une partie de A, on dira :
B est ouvert sur A, si B est ouvert dans le sous-espace A.
B est fermé sur A, si B est fermé dans le sous-espace A.
On a les propriétés suivantes :

1. B ouvert sur A $\Leftrightarrow$ il existe un ouvert O de E tel que $\mathrm{B}=\mathrm{O}\cap \mathrm{A}$.
   En effet :
   Si B est un ouvert de A, pour chaque $x\in \mathrm{B}$, il existe $r(x)>0$ tel que $\mathrm{B}\supset \mathrm{A}\cap\mathrm{B}(x,r(x)[$, par suite $\mathrm{B}=\bigcup\limits_{x\in \mathrm{B}}\mathrm{A}\cap\mathrm{B}(x,r(x)[=\mathrm{A}\cap\mathrm{O}$
   avec $\mathrm{O}=\bigcup\limits_{x\in \mathrm{B}}\mathrm{B}(x,r(x)[$ qui est un ouvert.
   Si $\mathrm{B}=\mathrm{O}\cap\mathrm{A}$, soit $x\in\mathrm{B}$, $\mathrm{O}\in\mathcal{V}(x)$
   donc $\mathrm{B}\in\mathcal{V}_{\mathrm{A}}(x)$: B est ouvert sur A.
2. B est fermé sur A $\Leftrightarrow$ il existe un fermé F de E tel que $\mathrm{B}=\mathrm{F}\cap\mathrm{A}$.
   En effet :
   $$\begin{aligned}\text{B fermé sur A} &\Leftrightarrow \complement_{\mathrm{A}}^{\mathrm{B}} \text{ ouvert sur A}\\ &\Leftrightarrow \mathrm{A}\cap\complement_{\mathrm{A}}^{\mathrm{B}} \text{ ouvert sur A}\\ &\Leftrightarrow \mathrm{A}\cap\complement_{\mathrm{A}}^{\mathrm{B}}=\mathrm{O}\cap\mathrm{A} \text{ où O est un ouvert de E}\\ &\Leftrightarrow \mathrm{B}=\mathrm{A}\cap\complement^{\mathrm{O}} \text{ et } \complement^{\mathrm{O}} \text{ est fermé dans E}\end{aligned}$$
3. Si B est ouvert (resp. fermé) dans E, il est ouvert (resp. fermé) sur A. Car $\mathrm{B}=\mathrm{B}\cap\mathrm{A}$.
4. Si A est ouvert dans E : B est ouvert sur A $\Leftrightarrow$ B ouvert dans E.
   Si A est fermé dans E : B est ouvert sur A $\Leftrightarrow$ B fermé dans E.

Exemple 1.9. *Dans $\mathbb{R}$ euclidien :**

1) *Si* $\mathrm{A}=[0,2]$, $\mathrm{B}=[0,1[$ *est ouvert sur* A : $[0,1[=]-1,1[\cap[0,2]$
2) *Si* $\mathrm{A}=]0,2[$, $\mathrm{B}=]0,1]$ *est fermé sur* A :$]0,1]=[-1,1]\cap]0,2[$
3) *Si* $\mathrm{A}=\mathbb{Q}$, $\mathrm{B}=\left[\sqrt{2},\sqrt{3}\right]\cap\mathbb{Q}=]\sqrt{2},\sqrt{3}[\cap\mathbb{Q}$ *est un ouvert fermé sur* $\mathbb{Q}$.

1.3 Continuité et limites (1ère partie)

1.3.1 Continuité en un point (notion topologique)

Soient : (E, d), (E', d') deux espaces métriques, f une application de E dans E', x_0 un point fixé de E.

1.3.1.1 Définition topologique

f et dite continue en x_0 si pour tout voisinage V de $f(x_0)$ il existe un voisinage U (dépendant de V) de x_0 tel que : $x \in \mathrm{U} \Rightarrow f(x) \in \mathrm{V}$.
Traductions équivalentes :
$f(\mathrm{U}) \subset \mathrm{V}$
ou $\mathrm{U} \subset f^{-1}(\mathrm{V})$
ou $f^{-1}(\mathrm{V})$ est un voisinage de x_0.
Si f n'est pas continue en x_0, elle est dite discontinue en x_0.

1.3.1.2 Traduction métrique

Pour tout $\varepsilon > 0$, il existe $\eta(\varepsilon) > 0$ tel que :
$d(x, x_0) < \eta \Rightarrow d'(f(x), f(x_0)) < \varepsilon$.

Dans le cas des applications numériques ($\mathbb{R} \to \mathbb{R}$) on retrouve la définition usuelle :
Pour tout $\varepsilon > 0$, il existe $\eta(\varepsilon) > 0$ tel que :
$|x - x_0| < \eta \Rightarrow |f(x) - f(x_0)| < \varepsilon$.
La discontinuité en x_0 se traduit par :
Il existe $\varepsilon > 0$ tel que Pour tout $\eta > 0$, il existe x avec $d(x, x_0) < \eta$ et $d'(f(x), f(x_0)) \geq \varepsilon$.
N.B. Si E est discret : toute application est continue en tout point.
Une application constante est continue en tout point.

1.3.1.3 Propriétés élémentaires

1. Soit $\mathrm{A} \subset \mathrm{E}$, si $x_0 \in \overline{\mathrm{A}}$ et si f est continue en x_0 : $f(x_0) \in \overline{f(\mathrm{A})}$.
   En effet :
   Si V est voisinage de $f(x_0)$, $f^{-1}(\mathrm{V})$ est voisinage de x_0,
   donc il existe $x \in f^{-1}(\mathrm{V}) \cap \mathrm{A}$, d'où $f(x) \in \mathrm{V} \cap f(\mathrm{A})$.

2. Soient 3 espaces métriques avec les applications f et g :
   $\mathrm{E} \xrightarrow{f} \mathrm{E}' \xrightarrow{g} \mathrm{E}''$, si f est continue en $x_0 \in \mathrm{E}$ et si g est continue en $f(x_0) \in \mathrm{E}'$, alors $g \circ f$ est continue en x_0.
   En effet :
   Soit W un voisinage de $g(f(x_0))$, il existe un voisinage V de $f(x_0)$ tel que $y \in \mathrm{V} \Rightarrow g(y) \in \mathrm{W}$.
   V étant ainsi fixé, il existe un voisinage U de x_0 tel que $x \in \mathrm{U} \Rightarrow f(x) \in \mathrm{V}$.
   Par suite : $x \in \mathrm{U} \Rightarrow g(f(x)) \in \mathrm{W}$.

1.3.2 Continuité sur une partie (notion topologique)

Soient : E et E′ deux espaces métriques, f une application de E dans E′, A une partie non vide de E.
On dit que f est continue sur A si elle est continue en chaque point du sous-espace A. (pour la métrique induite).

Traduction :
Pour chaque $x_0 \in \mathrm{A}$, pour tout voisinage V de $f(x_0)$, il existe un voisinage U de x_0 tel que : $x \in \mathrm{U} \cap \mathrm{A} \Rightarrow f(x) \in \mathrm{V}$.
Soit encore :
Pour tout $x_0 \in \mathrm{A}$, pour tout $\varepsilon > 0$, il existe $\eta > 0$ (η dépendant de x_0 et ε) tel que pour tout $x \in \mathrm{A}$: $d(x, x_0) < \eta \Rightarrow d'(f(x), f(x_0)) < \varepsilon$.

Remarque 1.7. *1. Si f est continue en tout point de A, dans E, alors f est continue sur A.*

2. La réciproque est inexacte, par exemple :
$$f : \mathbb{R} \to \mathbb{R} \text{ définie par : } f(x) = \begin{cases} 0 & \text{si } x \text{ est rationnel} \\ 1 & \text{si } x \text{ est irrationnel} \end{cases}$$
est continue sur $\mathbb{Q}$, mais discontinue en tout point de $\mathbb{R}$.

3. Si A est ouvert, la continuité sur A équivaut à la continuité en chaque point de A (car $\mathrm{U} \cap \mathrm{A}$ est voisinage de x_0 dans E).

4. Ceci se produit en particulier si $\mathrm{A} = \mathrm{E}$, dans ce cas on dit simplement f est une application continue de E dans E′.

1.3.3 Continuité uniforme (notion métrique)

Soient : (E, d) et (E', d') deux espaces métriques, f une application de E dans E', A une partie non vide de E.
On dit que f est uniformément continue sur A si :
Pour tout $\varepsilon > 0$, il existe $\eta(\varepsilon) > 0$ tel que, quels que soient x, y dans A : $d(x, y) < \eta \Rightarrow d'(f(x), f(y)) < \varepsilon$.

Remarque 1.8. 1. *La continuité uniforme sur* A *implique la continuité sur* A.

2. *La réciproque est inexacte, par exemple* $f : \mathbb{R}^* \to \mathbb{R}$ *définie par* $f(x) = \frac{1}{x}$ *est continue sur* $]0, \to)$ *mais pas uniformément continue.*

1.3.3.1 Applications lipschitziennes (notion métrique)

f est dite lipschitzienne sur A, s'il existe un réel $k > 0$ tel que : quels que soient x, y dans A : $d'(f(x), f(y)) \leq k d(x, y)$.
Une telle application est uniformément continue sur A :
Soit $\varepsilon > 0$, si $d(x, y) < \frac{\varepsilon}{k}$ alors $d'(f(x), f(y)) < \varepsilon$.
Lorsque $k < 1$, on dit que f est contractante sur A.

Exemple 1.10. 1. *Soient* E *un espace métrique et* a *un point fixé de* E, *alors l'application de* E *dans* $\mathbb{R}$: $x \mapsto d(x, a)$ *est lipschitzienne sur* E, *car :* $|d(x, a) - d(y, a)| \leq d(x, y)$.

2. *De même, si* A *est une partie fixée non vide de* E, *l'application de* E *dans* $\mathbb{R}$: $x \mapsto d(x, \mathrm{A})$ *est lipschitzienne sur* E, *car on a aussi :* $|d(x, \mathrm{A}) - d(y, \mathrm{A})| \leq d(x, y)$.
En effet :
Pour $z \in \mathrm{A}$: $d(x, z) \leq d(x, y) + d(y, z)$, *en prenant la borne inférieure lorsque* z *parcourt* A *(*x, y *fixés) :*
$d(x, \mathrm{A}) \leq d(x, y) + d(y, \mathrm{A})$.
De même :
$d(y, z) \leq d(y, x) + d(x, z)$, *d'où* $d(y, \mathrm{A}) \leq d(x, y) + d(x, \mathrm{A})$.
Donc
$$\begin{aligned} d(x, y) &\geq d(x, \mathrm{A}) - d(y, \mathrm{A}) \\ &\geq d(y, \mathrm{A}) - d(x, \mathrm{A}) \end{aligned}$$

3. *Isométrie*

1.3.4 Etude des suites

Une suite dans un espace métrique (E, d) est une application $u : \mathbb{N} \to \mathrm{E}$.
Si on pose $x_n = u(n)$, on parle simplement de la suite (x_n).

1.3.4.1 Convergence-limite (topologie)

On dit qu'une suite (x_n) converge vers un point $x \in \mathrm{E}$, ou encore que x est limite de (x_n) si : pour tout voisinage V de x, il existe $\mathrm{N}(\mathrm{V}) \in \mathbb{N}$ tel que $n \geq \mathrm{N} \Rightarrow x_n \in \mathrm{V}$.
Ou encore, en traduction métrique :
Pour tout $\varepsilon > 0$, il existe un entier $\mathrm{N}(\varepsilon) \in \mathbb{N}$ tel que $n \geq \mathrm{N}(\varepsilon) \Rightarrow d(x_n, x) < \varepsilon$.
Diverses notations : $x = \lim x_n$ ou $(x_n) \to x$.

Remarque 1.9. *Si une suite est convergente, sa limite est unique.*
En effet :
Supposons $(x_n) \to x$ *et* $(x_n) \to y$, *avec* $x \neq y$, *dans ce cas il existe* $\mathrm{V} \in \mathcal{V}(x)$ *et* $\mathrm{W} \in \mathcal{V}(y)$ *tels que* $\mathrm{V} \cap \mathrm{W} = \Phi$. *D'autre part, il existe des entiers* N *et* N′ *tels que :*

$$\begin{aligned} n \geq \mathrm{N} &\Rightarrow x_n \in \mathrm{V} \\ n \geq \mathrm{N}' &\Rightarrow x_n \in \mathrm{W} \end{aligned}$$

Pour $n \geq Max(\mathrm{N}, \mathrm{N}')$ *on aurait* $x_n \in \mathrm{V} \cap \mathrm{W}$, *ce qui est contradictoire.*

Théorème 1.3. *Soient* $x \in \mathrm{E}$ *et* A *une partie non vide de* E, *il y a équivalence entre :*

a) x *est limite d'une suite de points de* A.

b) $x \in \overline{\mathrm{A}}$.

Démonstration. *a)* $\Rightarrow$ *b)*. Supposons $x = \lim x_n$, avec $x_n \in \mathrm{A}$, soit $\mathrm{V} \in \mathcal{V}(x)$, il existe N tel que si $n \geq \mathrm{N} : x_n \in \mathrm{V}$, donc $\mathrm{V} \cap \mathrm{A} \neq \Phi$, donc $x \in \overline{\mathrm{A}}$.
b) $\Rightarrow$ *a)*. Supposons $x \in \overline{\mathrm{A}}$, alors pour tout $n \in \mathbb{N}$, $\mathrm{A} \cap \mathrm{B}(x, \frac{1}{n+1}[\neq \Phi$, donc pour chaque n il existe $x_n \in \mathrm{A} \cap \mathrm{B}(x, \frac{1}{n+1}[$, (x_n) est une suite dans A et converge vers x car $d(x_n, x) < \frac{1}{n+1}$. □

Théorème 1.4. *Soient f une application de* E *dans* E′ *et* (x_n) *une suite de* E *qui converge vers* x, *si* f *est continue en* x *alors la suite* $(f(x_n))$ *converge dans* E′ *vers* $f(x)$.

Démonstration. Soit V un voisinage de $f(x)$, d'après la continuité, il existe un voisinage U de x tel que $y \in \mathrm{U} \Rightarrow f(y) \in \mathrm{V}$.
U étant ainsi fixé, il existe un entier N tel que $n \geq \mathrm{N} \Rightarrow x_n \in \mathrm{U}$.
Donc $n \geq \mathrm{N} \Rightarrow f(x_n) \in \mathrm{V}$. □

N.B. Cette propriété est souvent utilisée pour montrer que f est discontinue en x, en construisant une suite (x_n) qui converge vers x et tel que $(f(x_n))$ ne converge pas vers $f(x)$.

1.3.5 Suite de Cauchy-Espaces complets (notions métriques)

Une suite (x_n) dans un espace métrique (E, d) est dite une suite de Cauchy si :
Pour tout $\varepsilon > 0$, il existe $p \in \mathbb{N}$ tel que si $n', n'' \geq p : d(x_{n'}, x_{n''}) < \varepsilon$.

Théorème 1.5. *Toute suite convergente est une suite de Cauchy.*

Démonstration. Si $(x_n) \to x$, étant donné $\varepsilon > 0$ il existe N tel que si $n \geq \mathrm{N} : d(x_n, x) < \frac{\varepsilon}{2}$.
Alors, si $n', n'' \geq \mathrm{N} : d(x_{n'}, x) < \frac{\varepsilon}{2}$ et $d(x_{n''}, x) < \frac{\varepsilon}{2}$, d'où :
$d(x_{n'}, x_{n''}) \leq d(x_{n'}, x) + d(x, x_{n''}) < \varepsilon$ □

N.B. La réciproque est inexacte. Dans $\mathbb{Q}$ il existe des suites de Cauchy qui ne convergent pas dans $\mathbb{Q}$. Question de plonger $\mathbb{Q}$ dans un espace métrique qui contient les limites de toutes les suites de Cauchy de $\mathbb{Q}$.

1.3.5.1 Espace complet

Un espace métrique E est dit complet, si toute suite de Cauchy de E est convergente.
Lorsqu'il s'agit d'un espace vectoriel normé, s'il est complet pour la distance associée, il est appelé un espace de Banach.
Ainsi, dans un espace complet : suite convergente équivaut à suite de

Cauchy. Ceci est très commode car la vérification de la propriété de Cauchy ne nécessite pas la connaissance de la limite éventuelle.
$\mathbb{R}$ euclidien est complet.
$\mathbb{Q}$ euclidien n'est pas complet
$\mathbb{R}^n$ euclidien est complet (On vera plus tard).

1.4 Théorème du point fixe

Soit f une fonction d'un ensemble E dans lui même, elle n'est pas nécessairement définie sur E tout entier (domaine de définition : $\mathrm{D}f \subset \mathrm{E}$).

On dit qu'un point $x_0 \in \mathrm{E}$ est un point fixe de f si : $\begin{cases} x_0 \in \mathrm{D}f \\ f(x_0) = x_0 \end{cases}$

Nous allons établir un théorème très important donnant des conditions suffisantes pour l'existence d'un point fixe.

Théorème 1.6. *Soient* (E, d) *un espace métrique* ***complet*** *et* f *une fonction de* E *dans* E *:*
On suppose qu'il existe :
- *Une partie* $\mathrm{A} \subset \mathrm{D}f$.
- *Un point* $a \in \mathrm{E}$ *et un réel* $r > 0$ *tel que* $\mathrm{B}(a, r] \subset \mathrm{A}$.
- *Un réel* k, *avec* $0 < k < 1$

tels que :

a) Quels que soient x, y *dans* $\mathrm{A} : d(f(x), f(y)) \leq kd(x, y)$ *(i.e* f *est contractante sur* A*)*

b) $d(a, f(a)) \leq (1 - k) r$.

Alors, f *possède un point fixe et un seul dans* A.

Démonstration. Le principe est de définir une suite d'itérés :
$x_0 = a, x_1 = f(x_0), x_2 = f(x_1), \ldots,$
qui convergera vers le point fixe en question.

Lemme 1.1. *Pour tout* $n \geq 1$ *:*
(1) $x_n \in \mathrm{B}(a, r]$ *(à fortiori* $x_n \in \mathrm{A}$*).*
(2) $d(x_n, x_{n-1}) \leq (1 - k) k^{n-1} r$.
(3) $d(x_n, x_0) \leq (1 - k^n) r$.

Notons que la propriété (1) découle immédiatement de (3), et elle assure que la suite est bien définie (i.e $x_n \in \mathrm{D}f$ pour tout n).
- On démontre (2) et (3) par récurrence sur n.
Pour $n = 1$: $d(x_1, x_0) = d(a, f(a)) \leq (1-k)r$ par hypothèse, ce qui vérifie à la fois (2) et (3).
- Supposons (2) et (3) vérifiées à l'ordre n et démontrons les pour $n+1$:
$x_n \in \mathrm{B}(a, r]$, donc $x_{n+1} = f(x_n)$ est défini.
$d(x_{n+1}, x_n) = d(f(x_n), f(x_{n-1})) \leq kd(x_n, x_{n-1})$
$\leq k(1-k)k^{n-1}r = (1-k)k^n r$
$d(x_{n+1}, x_0) \leq d(x_{n+1}, x_n) + d(x_n, x_0)$
$\leq (1-k)k^n r + (1-k^n)r = (1-k^{n+1})r$

Lemme 1.2. *(x_n) est une suite de Cauchy.*

En effet, soient deux entiers n', n'', avec, par exemple $n' < n''$.

$$\begin{aligned}
d(x_{n'}, x_{n''}) &\leq d(x_{n'}, x_{n'+1}) + d(x_{n'+1}, x_{n'+2}) + \ldots + d(x_{n''-1}, x_{n''}) \\
&\leq (1-k)r\left(k^{n'} + k^{n'+1} + \ldots k^{n''-1}\right) \\
&\leq (1-k)rk^{n'}\frac{1-k^{n''-n'}}{1-k} \\
&\leq rk^{n'}\frac{1-k^{n''-n'}}{1-k} \\
&< rk^{n'}
\end{aligned}$$

Comme $0 < k < 1$, $k^{n'} \to 0$ lorsque $n \to +\infty$, le propriété de Cauchy en résulte.

Fin de la démonstration

E étant complet, (x_n) converge vers un point x de E. Tous les x_n appartiennent à $\mathrm{B}(a, r]$, donc x adhérent à $\mathrm{B}(a, r]$, qui est fermé, donc $x \in \mathrm{B}(a, r]$, à fortiori $x \in \mathrm{A}$.
f étant lipschitzienne sur A, est continue sur A, donc $f(x_n) \to f(x)$.
Or $f(x_n) = x_{n+1}$ qui converge aussi vers x.
D'après l'unicité de la limite : $f(x) = x$, donc x est un point fixe de f dans A.

Unicité : Supposons qu'il existe un autre point fixe x' de f dans A : $f(x') = x'$. On a : $d(f(x), f(x')) \leq kd(x, x')$ soit : $d(x, x') \leq kd(x, x')$
$(1-k)\, d(x, x') \leq 0$, or $(1-k) > 0$, donc $d(x, x') = 0$ i.e $x = x'$. □

Corollaire 1.1. *Si f est une application contractante d'un espace métrique complet* E *dans lui même (f définie sur* E*), alors f possède un point fixe et un seul dans* E.

On suppose donc ici que f est définie et contractante sur E tout entier.
On applique le théorème précédent avec A = E, a un point arbitraire, et on choisit $r = \frac{d(a,f(a))}{1-k}$.
Interprétation graphique (dans $\mathbb{R}$)
En utilisant le graphe de f
C'est ce qu'on appelle la méthode des approximations successives.

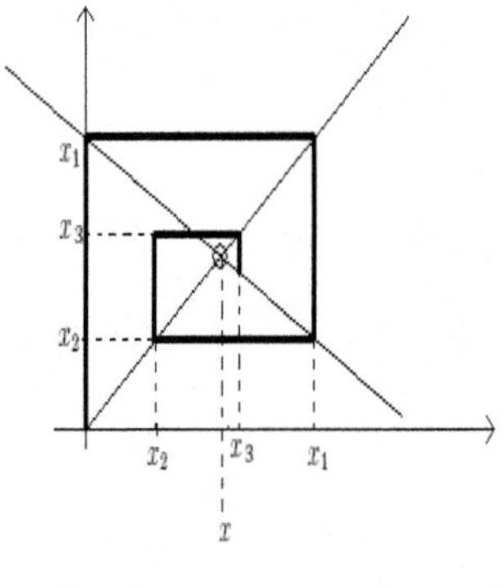

1.4.1 Majoration de l'erreur

En général, on ne connait pas exactement le point fixe x,mais on peut en calculer les approximations successives x_n, on peut alors parler de l'erreur mesurée par $d(x_n, x)$. Cette erreur peut être majorée de la façon suivante :

$$d(x_n, x_{n+1}) \leq kd(x_{n-1}, x_n) \leq k^2 d(x_{n-2}, x_{n-1}) \leq \ldots \leq k^n d(x_0, x_1)$$

$$\begin{aligned} d(x_n, x_{n+p}) &\leq d(x_n, x_{n+1}) + d(x_{n+1}, x_{n+2}) + ... + d(x_{n+p-1}, x_{n+p}) \\ &\leq \left(k^n + k^{n+1} + ... + k^{n+p-1}\right) d(x_0, x_1) \\ &\leq k^n \frac{1-k^p}{1-k} d(x_0, x_1) \end{aligned}$$

Fixonx n, la fonction distance étant continue, lorsque $p \to +\infty$:

$$d(x_n, x) \leq \frac{k^n}{1-k} d(a, f(a))$$

Cette majoration dépend du point initial à choisir et du coefficient de contraction k.
Le théoyème du point fixe a de nombreuses applications : équations ou systèmes d'équations, fonctions implicites, équaions différentielles, équations intégrales,..., à titre d'exemple nous allons étudier un système d'équations transcendantes.

Exemple 1.11. *Système de 2 équations à deux inconnues (dans* $\mathbb{R}$*) :*

$$(\text{I}) \begin{cases} x = \alpha(e^x + e^y) \\ y = \alpha(e^x - e^y) \end{cases} \quad \alpha \text{ paramètre réel non nul.}$$

Définissons l'application $f : \mathbb{R}^2 \to \mathbb{R}^2$ *par* $f(x, y) = (\text{X}, \text{Y})$ *avec* $\text{X} = \alpha(e^x + e^y)$ *et* $\text{Y} = \alpha(e^x - e^y)$.

Les solutions de (I) *sont alors les points fixes de* f.

$\mathbb{R}^2$ *(euclidien est bien un espace complet)*

Soient $m = (x, y)$ *et* $m' = (x', y')$ *deux points de* $\mathbb{R}^2$.

$$\begin{aligned} d(f(m), f(m'))^2 &= \left[\alpha(e^x + e^y) - \alpha\left(e^{x'} + e^{y'}\right)\right]^2 \\ &+ \left[\alpha(e^x - e^y) - \alpha\left(e^{x'} - e^{y'}\right)\right]^2 \\ &= \alpha^2\left[\left(e^x - e^{x'}\right) + \left(e^y - e^{y'}\right)\right]^2 \\ &+ \alpha^2\left[\left(e^x - e^{x'}\right) - \left(e^y - e^{y'}\right)\right]^2 \\ &= 2\alpha^2\left[\left(e^x - e^{x'}\right)^2 + \left(e^y - e^{y'}\right)^2\right] \end{aligned}$$

En appliquant le théorème des accroissements finis à la fonction exponentielle :

$\left(e^{x} - e^{x'}\right) = (x - x')\, e^{\lambda}$ *où* λ *est compris entre* x *et* x'.
$\left(e^{y} - e^{y'}\right) = (y - y')\, e^{\mu}$ *où* μ *est compris entre* y *et* y'.
Pour avoir une majoration, il sera commode de se placer dans la partie A *de* $\mathbb{R}^2$ *définie comme suit :* $\mathrm{A} = \{(x, y) \;/\; x \leq r \;\text{ et }\; y \leq r\}$ *où* r *est une constante* > 0.
Si m *et* m' *appartiennent à* A *:*

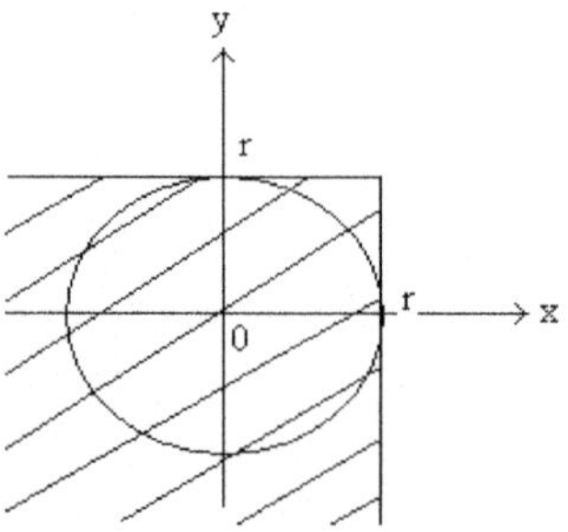

$$\left|e^{x} - e^{x'}\right| \leq |x - x'|\, e^{r}$$
$\left|e^{y} - e^{y'}\right| \leq |y - y'|\, e^{r}$.
D'où :
$d\,(f\,(m)\,, f\,(m'))^2 \leq 2\alpha^2 e^{2r} \left[(x - x')^2 + (y - y')^2\right]$.
Soit : $d\,(f\,(m)\,, f\,(m')) \leq |\alpha|\, \sqrt{2} e^{r} \cdot d\,(m, m')$.
f *est alors lipschitzienne de rapport* $k = |\alpha|\, \sqrt{2} e^{r}$.
Fixons r *et cherchons les conditions sur* α *pour pouvoir appliquer le théorème du point fixe.*
a) f *sera contractante dans* A *si :*

$$|\alpha| < \frac{1}{\sqrt{2} e^{r}} \tag{1.1}$$

b) La boule $\mathrm{B}((0,0)\,, r]$ *est contenue dans* A.
$f\,(0,0) = (2\alpha, 0)$ *et* $d\,((0,0)\,, f\,(0,0)) = 2\,|\alpha|$.
D'où la seconde condition : $2\,|\alpha| \leq \left(1 - |\alpha|\, \sqrt{2} e^{r}\right) r$.
Soit :

$$|\alpha| \leq \frac{r}{2 + \sqrt{2} r e^{r}} \tag{1.2}$$

Notons que $\frac{r}{2+\sqrt{2} r e^{r}} < \frac{r}{\sqrt{2} r e^{r}} = \frac{1}{\sqrt{2} e^{r}}$, *donc la condition (1.2) implique*

la condition (1.1)
Finalement, on a le résultat suivant :
Si $|\alpha| \leq \frac{r}{2+\sqrt{2r}e^r}$ *le système* (I) *a une solution et une seule dans* A.

1.4.2 Point fixe dépendant d'un paramètre

Soient : deux espaces métriques (E, d) et (E, d'), E étant complet.
f une application : $\begin{array}{ccc} \mathrm{E} \times \mathrm{E}' & \rightarrow & \mathrm{E} \\ (x, y) & \mapsto & f(x, y) \end{array}$ y joue le role de paramètre (par exemple α dans l'exemple précédent).
On notera :
- Pour $x \in \mathrm{E}$ fixé, f_x l'application partielle $\mathrm{E}' \rightarrow \mathrm{E} : f_x(y) = f(x, y)$.
- Pour $y \in \mathrm{E}'$ fixé, f_y l'application partielle $\mathrm{E} \rightarrow \mathrm{E} : f_y(x) = f(x, y)$.

On suppose :
- Pour chaque $x \in \mathrm{E}$, f_x est continue sur E'
- Pour chaque $y \in \mathrm{E}'$, f_y est contractante sur E indépendemment de y :

$d(f_y(x), f_y(x')) \leq kd(x, x')$, $k < 1$, k indépendant de y.
Il en résulte que chaque f_y a un point fixe et un seul dans E : a_y (qui dépend du paramètre y) : $f(a_y, y) = a_y$.
On notera p l'application $\mathrm{E}' \rightarrow \mathrm{E} : p(y) = a_y$.
Sous ces conditions, on a le résultat suivant :

Théorème 1.7. *L'application* p *est continue sur* E'
(i.e le point fixe dépend continûment du paramètre)

Démonstration. Fixons $y_0 \in \mathrm{E}'$ et soit $\varepsilon > 0$.

$$\begin{aligned} d(p(y), p(y_0)) &= d(a_y, a_{y_0}) = d(f_y(a_y), f_{y_0}(a_{y_0})) \\ &\leq d(f_y(a_y), f_y(a_{y_0})) + d(f_y(a_{y_0}), f_{y_0}(a_{y_0})) \\ &\leq kd(a_y, a_{y_0}) + d(f_y(a_{y_0}), f_{y_0}(a_{y_0})). \end{aligned}$$

D'où $(1-k)\, d(p(y), p(y_0)) \leq d(f_y(a_{y_0}), f_{y_0}(a_{y_0}))$.
Par ailleurs, $f_{a_{y_0}}$ est continue en y_0 : il existe V voisinage de y_0 tel que
si $y \in \mathrm{V}$,

$$\begin{aligned} d\left(f_{a_{y_0}}(y), f_{a_{y_0}}(y_0)\right) &< (1-k)\,\varepsilon \\ d(f(a_{y_0}, y), f(a_{y_0}, y_0)) &< (1-k)\,\varepsilon \\ d(f_y(a_{y_0}), f_{y_0}(a_{y_0})) &< (1-k)\,\varepsilon \end{aligned}$$

D'où $d(p(y), p(y_0)) < \varepsilon$, donc p est continue en y_0. □

1.5 Continuité et limites (2ème partie)

1.5.1 Retour sur la continuité

Soient
- E, E' deux espaces métriques
- f une application de E dans E′
- A une partie non vide de E

Nous avons défini la continuité sur A :
Pour tout $x_0 \in \mathrm{A}$, pour tout voisinage V de $f(x_0)$, il existe un voisinage U de x_0 tel que : $x \in \mathrm{U} \cap \mathrm{A} \Rightarrow f(x) \in \mathrm{V}$.
On peut obtenir une caractérisation importante :

Théorème 1.8. *Il y a équivalence entre :*

a) *f est continue sur* A

b) *Pour tout ouvert* B *de* E′ *:* $\mathrm{A} \cap f^{-1}(\mathrm{B})$ *est ouvert sur* A.

c) *Pour tout fermé* B *de* E′ *:* $\mathrm{A} \cap f^{-1}(\mathrm{B})$ *est fermé sur* A.

Démonstration. .

a) ⇒ *b)* Supposons f continue sur A et soit B un ouvert de E′.
Soit $x_0 \in \mathrm{A} \cap f^{-1}(\mathrm{B})$, $f(x_0) \in \mathrm{B}$ donc B est voisinage de $f(x_0)$, donc il existe un voisinage U de x_0 (dans E) tel que :
$x \in \mathrm{U} \cap \mathrm{A} \Rightarrow f(x) \in \mathrm{B}$.
D'où $\mathrm{U} \cap \mathrm{A} \subset \mathrm{A} \cap f^{-1}(\mathrm{B})$, donc $\mathrm{A} \cap f^{-1}(\mathrm{B}) \in \mathcal{V}_{\mathrm{A}}(x_0)$.

b) ⇒ *a)* Soit $x_0 \in \mathrm{A}$ et soit V un voisinage de $f(x_0)$, on peut supposer V ouvert (en prenant, par exemple, une boule ouverte),
par hypothèse $\mathrm{A} \cap f^{-1}(\mathrm{V})$ est ouvert sur A, $x_0 \in \mathrm{A} \cap f^{-1}(\mathrm{V})$.
Il existe un ouvert O de E tel que $\mathrm{A} \cap f^{-1}(\mathrm{V}) = \mathrm{A} \cap \mathrm{O}$, $x_0 \in \mathrm{O}$ donc O est voisinage de x_0 et si $x \in \mathrm{A} \cap \mathrm{O} : f(x) \in \mathrm{V}$.

b) ⇔ *c)* Par passage aux complémentaires.
$\complement_{\mathrm{A}}^{(\mathrm{A} \cap f^{-1}(\mathrm{B}))} = \mathrm{A} \cap \complement_{\mathrm{E}}^{f^{-1}(\mathrm{B})} = \mathrm{A} \cap f^{-1}\left(\complement_{\mathrm{E}'}^{\mathrm{B}}\right)$.

□

Dans le cas particulier où $A = E$ on obtient :

Corollaire 1.2. *Il y a équivalence entre :*

a) f est continue.

b) Pour tout ouvert B de E′ : $f^{-1}(B)$ est un ouvert de E.

c) Pour tout fermé B de E′ : $f^{-1}(B)$ est un fermé de E.

On rappelle que si E est un espace métrique et A une partie non vide de E, l'application :
$x \mapsto d(x, A)$ est continue (même uniformément).
Une application intéressante est la suivante :

1.5.2 Séparation par des ouverts

Théorème 1.9. *Soient A, B deux parties non vides, fermées et disjointes ($A \cap B = \Phi$) de E, alors il existe deux ouverts U et V tels que :* $A \subset U$, $B \subset V$, $U \cap V = \Phi$.

Démonstration. Soit $f : E \to \mathbb{R}$ définie par $f(x) = d(x, B) - d(x, A)$

f est continue sur E, $]0, \to)$ et $(\leftarrow, 0[$ sont des ouverts de $\mathbb{R}$, donc $U = f^{-1}(]0, \to))$ et $V = f^{-1}((\leftarrow, 0[)$ sont des ouvert de E.

$U = \{x \in E \ / \ d(x, A) < d(x, B)\}$

$V = \{x \in E \ / \ d(x, B) < d(x, A)\}$

Donc $U \cap V = \Phi$.

Si $x \in A : d(x, A) = 0$ et $d(x, B) > 0 \left(x \notin \overline{B} = B\right) : A \subset U$

De même $B \subset V$. □

1.5.3 Homéomorphismes

Définition 1.1. *Une application f de E dans E′ est dite un homéomorphisme si :*

- *f est bijective*
- *f est bicontinue* $\begin{cases} f \text{ est continue (sur E)} \\ f^{-1} \text{ est continue (sur E}') \end{cases}$

Dans ce cas f^{-1} est un homéomorphisme de E' sur E, on dit simplement que les espaces E et E' sont homéomorphes.
Un homéomorphisme transporte toutes les notions topologiques, par exemple :
- Si $y=f(x)$, les voisinages de y sont les $f(\mathrm{V})$ où V est voisinage de x.
- Les ouverts de E' sont les $f(\mathrm{A})$ où A est un ouvert de E.
- Les fermés de E' sont les $f(\mathrm{A})$ où A est un fermé de E.

Les homéomorphismes permettent de caractériser les distances topologiquement équivalentes :
Soient d_1 et d_2 deux distances sur E et soit i l'application identique de E ($i(x) = x$), i est évidemment bijective et $i^{-1} = i$, on a alors :

Théorème 1.10. *Il y a équivalence entre :*
a) d_1 et d_2 sont topologiquement équivalentes
b) i est est un homéomorphisme de (E, d_1) sur (E, d_2).

Démonstration. .

$a) \Rightarrow b)$ Montrons que i est continue : soit $x_0 \in \mathrm{E}$ et $\mathrm{B}_2 = \mathrm{B}_2(x_0, r[$ une boule de centre $i(x_0) = x_0$ pour d_2, $i^{-1}(\mathrm{B}_2) = \mathrm{B}_2$, mais on sait qu'il existe r' tel que $\mathrm{B}_2 \supset \mathrm{B}_1(x_0, r'[$, donc $i^{-1}(\mathrm{B}_2)$ est voisinage de $x_0$pour d_1.
De même i^{-1} est continue.

$b) \Rightarrow a)$ Les voisinages de x_0 pour d_2 sont les $i(\mathrm{V}) = \mathrm{V}$ où V est voisinage de x_0 pour d_1.

□

Remarque 1.10. *Il se peut que i soit continue, mais non bicontinue, par exemple dans $\mathbb{R}$:*
d_1 : distance discrète.
d_2 : distance euclidienne.
(E, d_1) étant discret, i est nécessairement continue.
i^{-1} n'est pas continue, par exemple un singleton $\{x\}$ est ouvert pour d_1, mais $i(\{x\}) = \{x\}$ n'est pas ouvert pour d_2.
Evidemment, ces 2 distances ne sont pas topologiquement équivalentes.

1.5.3.1 Homéomorphisme bi-uniformément continus

Un cas plus particulier, pour $f : \mathrm{E} \to \mathrm{E}'$, est :

1. f bijective
2. f bi-uniformément continue $\begin{cases} f \text{ uniformément continue(sur E)} \\ f^{-1}\text{uniformément continue(sur E}') \end{cases}$

Exemple 1.12. *Si f est une isométrie de* E *sur* E$'$ *:*
$d'(f(x), f(y)) = d(x, y)$
f est un homéomorphisme bi-uniformément continu, car elle est bi-lipschitzienne.

Exemple 1.13. *Si d_1 et d_2 sont deux distances équivalentes sur* E*, l'application identique i de* (E, d_1) *sur* (E, d_2) *est bi-uniformément continue :*

$$ad_2(i(x), i(y)) \leq d_1(x, y) \leq bd_2(i(x), i(y))$$

Donc ici encore i est bi-lipschitzienne.

N.B. Pour des distances topologiquement équivalentes, i est bi-continue mais pas nécessairement bi-uniformément continue.

1.5.4 Cas des espaces produits

1.5.4.1 Applications projections

Soient deux espaces métriques $(\mathrm{E}_1 d_1)$, (E_2, d_2), et l'espace produit (E, d), on peut définir les 2 applications projections :
$p_{r_1} : \mathrm{E} \to \mathrm{E}_1 : p_{r_1}(x_1, x_2) = x_1.$
$p_{r_2} : \mathrm{E} \to \mathrm{E}_2 : p_{r_2}(x_1, x_2) = x_2$
Ces applications sont uniformément continues (même lipschitziennes).
$d_1(p_{r_1}(x_1, x_2), p_{r_1}(y_1, y_2)) = d_1(x_1, y_2) \leq d((x_1, x_2), (y_1, y_2)).$
De même pour p_{r_2}.
Bien entendu, ceci se généralise à un produit fini d'espaces métriques.

1.5.4.2 Projections d'une application

Soient 3 espaces métriques :
$(\mathrm{E}, d), (\mathrm{E}'_1, d'_1), (\mathrm{E}'_2, d'_2)$ et $\mathrm{E}' = \mathrm{E}'_1 \times \mathrm{E}'_2$ avec la distance produit d'.
Soit $f : \mathrm{E} \to \mathrm{E}'$, on définit les projections de f :
$f_1 : \mathrm{E} \to \mathrm{E}'_1 : f_1(x) = p_{r_1}(f(x))$.
$f_2 : \mathrm{E} \to \mathrm{E}'_2 : f_2(x) = p_{r_2}(f(x))$.
Autrement dit, si $x \in \mathrm{E}$, on écrit $f(x) = (f_1(x), f_2(x))$.
Soit $x_0 \in \mathrm{E}$, on a le résultat suivant :

Théorème 1.11. *f est continue en x_0 si et seulement si f_1 et f_2 sont continues en x_0.*

Démonstration. En effet :
- Si f est continue en x_0 : f_1 et f_2 le sont aussi car p_{r_1} et p_{r_2} sont continues.
- Si f_1 et f_2 sont continues en x_0 :
Etant donné $\varepsilon > 0$, il existe $\eta_1 > 0$ et $\eta_2 > 0$ tels que :
$d(x, x_0) < \eta_1 \Rightarrow d'_1(f_1(x), f_1(x_0)) < \varepsilon$
$d(x, x_0) < \eta_2 \Rightarrow d'_2(f_2(x), f_2(x_0)) < \varepsilon$.
Donc, si $d(x, x_0) < Min(\eta_1, \eta_2) : d'(f(x), f(x_0)) < \varepsilon$. □

1.5.4.3 Applications partielles

Soient 3 espaces métriques :
$(\mathrm{E}_1, d_1), (\mathrm{E}_2, d_2)$, (E', d')et $\mathrm{E} = \mathrm{E}_1 \times \mathrm{E}_2$ avec la distance produit d.
Soit $f : \mathrm{E} \to \mathrm{E}'$, si $a = (a_1, a_2)$ est point fixé de E, on définit les applications partielles de f en a :
$f_{a_1} : \mathrm{E}_2 \to \mathrm{E}' : f_{a_1}(x_2) = f(a_1, x_2)$.
$f_{a_2} : \mathrm{E}_1 \to \mathrm{E}' : f_{a_2}(x_1) = f(x_1, a_2)$.
Alors :

Théorème 1.12. *Si f est continue en a : f_{a_1} et f_{a_2} sont continues en a_1 et a_2.*

Démonstration. En effet :
L'application $x_2 \in \mathrm{E}_2 \mapsto (a_1, a_2) \in \mathrm{E}$ est une isométrie :
$d((a_1, x_2), (a_1, y_2)) = \mathrm{Max}\,[d_1(a_1, a_1), d_2(x_2, y_2)] = d_2(x_2, y_2)$.

Cette application est donc continue, et par composition avec f il en résulte que f_{a_1} est continue en a_2. □

N.B. La réciproque de cette propriété est inexacte, un exemple classique (à faire en exercice) est le suivant :

$$f : \mathbb{R}^2 \to \mathbb{R} : f(x,y) = \begin{cases} \frac{xy}{x^2+y^2} \text{ si } (x,y) \neq (0,0) \\ 0 \text{ si } (x,y) = (0,0) \end{cases}$$

Les deux applications partielles en $(0,0)$ sont identiquement nulles, donc continues, mais f n'est pas continues en $(0,0)$.

1.5.5 Limite d'une fonction en un point

Soient :

- deux espaces métriques (E, d), (E, d')
- une application $f : \mathrm{E} \to \mathrm{E}'$.
- A une partie non vide de E.
- x_0 un point fixé de $\overline{\mathrm{A}}$.

Définition 1.2. *On dit que $f(x)$ a une limite y lorsque x tend vers x_0 sur* A *si :*
Pour tout voisinage V *de y, il existe un voisinage* U *de x_0 tel que :*
$x \in \mathrm{U} \cap \mathrm{A} \Rightarrow f(x) \in \mathrm{V}$.

N.B. x_0 n'appartient pas nécessairement à A.
y n'est pas nécessairement égal à $f(x_0)$.
$\mathrm{U} \cap \mathrm{A} \neq \Phi$ car $x_0 \in \overline{\mathrm{A}}$.
Si $x_0 \in \mathrm{A}$ et $y = f(x_0)$: on retrouve la notion de continuité en x_0 sur A.

Notation : $y = \lim\limits_{\substack{x \to x_0 \\ x \in \mathrm{A}}} f(x)$

Traduction métrique :
Pour tout $\varepsilon > 0$, il existe $\eta > 0$ tel que : $x \in \mathrm{A}$ et $d(x, x_0) < \eta$ impliquent $d'(f(x), y) < \varepsilon$.

Exemple 1.14. *Pour une fonction numérique $f : \mathbb{R} \to \mathbb{R}$.*
Si $\mathrm{A} = (\leftarrow, x_0[$: *on retrouve la notion habituelle de limite à gauche.*
Si $\mathrm{A} =]x_0, \rightarrow)$: *on retrouve la notion habituelle de limite à droite*

1.5.6 Prolongement par continuité

Le problème est le suivant :
Soient :

- E, E′ deux espaces métriques
- A une partie partout dense de E $\left(\overline{\mathrm{A}} = \mathrm{E}\right)$
- f une application de A dans E′ continue sur A.

Peut-on prolonger f en une application $g : \mathrm{E} \to \mathrm{E}'$ continue sur E ?
Avant de résoudre ce problème, nous allons établir quelques résultats préliminaires.

Lemme 1.3. *Soient* (E, d) *un espace métrique et* E^2 *avec la distance produit, alors la diagonale de* E^2 *est un ensemble fermé.*

En effet :
La diagonale est $\triangle = \{(x, x) \ / \ x \in \mathrm{E}\}$.
Si $(x, y) \in \complement^{\triangle}$: $x \neq y$, donc il existe $\mathrm{V} \in \mathcal{V}(x)$, $\mathrm{W} \in \mathcal{V}(y)$ avec $\mathrm{V} \cap \mathrm{W} = \Phi$, $\mathrm{V} \times \mathrm{W}$ est voisinage de (x, y), et $\mathrm{V} \times \mathrm{W} \subset \complement^{\triangle}$, donc $\complement^{\triangle}$ est voisinage de (x, y), par suite il est ouvert.

Lemme 1.4. *Soient deux espaces métriques* E *et* E′ *et* g *et* h *deux applications de* E *dans* E′ *continue sur* E, *alors l'ensemble* $\mathrm{F} = \{\, x \in \mathrm{E} \ / \ g(x) = h(x)\}$ *est fermé.*

En effet :
Soit u l'application : $\mathrm{E} \to \mathrm{E}' \times \mathrm{E}'$: $u(x) = (g(x), h(x))$.
u est continue (Cf. les projections d'une application).
$\mathrm{F} = u^{-1}(\triangle)$ où $\triangle$ est la diagonale de $\mathrm{E}' \times \mathrm{E}'$.

Lemme 1.5. *Dans les conditions précédentes, si* $g(x) = h(x)$ *sur une partie* A *partout dense dans* E, *alors* $g = h$.

Car $\overline{\mathrm{A}} = \mathrm{E}$, $\mathrm{A} \subset \mathrm{F}$ d'où $\overline{\mathrm{F}} = \mathrm{F} = \mathrm{E}$.
Par exemple, deux applications de $\mathbb{R}$ dans $\mathbb{R}$ continues sur $\mathbb{R}$ et qui ont les mêmes valeurs sur $\mathbb{Q}$, sont identiques.

Théorème 1.13 (Théorème de prolongement). *Pour que* f *admette un prolongement continu* g *sur* E, *il faut et il suffit que pour tout*

$x_0 \in \mathrm{E} - \mathrm{A}$, $\lim\limits_{\substack{x \to x_0 \\ x \in \mathrm{A}}} f(x)$ *existe. Dans ce cas le prolongement est unique.*

Démonstration. 1. Si un prolongement continu g existe :

Soit $x_0 \in \mathrm{E} - \mathrm{A}$ (on a bien $x_0 \in \overline{\mathrm{A}}$), g est continue en x_0 : pour tout voisinage V de $g(x_0)$, il existe un voisinage U de x_0 tel que :

$x \in \mathrm{U} \Rightarrow g(x) \in \mathrm{V}$

donc $x \in \mathrm{U} \cap \mathrm{A} \Rightarrow f(x) \in \mathrm{V}$

d'où $g(x_0) = \lim\limits_{\substack{x \to x_0 \\ x \in \mathrm{A}}} f(x)$

2. Si pour tout $x_0 \in \mathrm{E} - \mathrm{A}$, $\lim\limits_{\substack{x \to x_0 \\ x \in \mathrm{A}}} f(x)$ existe, défінssons g sur E par :

$g(x) = \lim\limits_{\substack{x' \to x \\ x' \in \mathrm{A}}} f(x')$. Pour $x \in \mathrm{A}$ on a bien $g(x) = f(x)$ car f est continue sur A.

Soit $x_0 \in \mathrm{E}$ et montrons que g est continue en x_0.

Soit V un voisinage de $g(x_0)$, on peut le supposer fermé (prendre, par exemple, $\mathrm{B}(x_0, \varepsilon])$.

$g(x_0) = \lim\limits_{\substack{x \to x_0 \\ x \in \mathrm{A}}} f(x)$: il existe $\mathrm{U} \in \mathcal{V}(x_0)$ tel que

$x \in \mathrm{U} \cap \mathrm{A} \Rightarrow f(x) \in \mathrm{V}$.

On peut supposer U ouvert (il contient une boule de centre x_0).

Montrons que : $x \in \mathrm{U} \Rightarrow g(x) \in \mathrm{V}$, ce qui prouvera la continuité de g.

En effet :

Soit $x \in \mathrm{U}$, $g(x) = \lim\limits_{\substack{x' \to x \\ x' \in \mathrm{A}}} f(x')$, supposons $g(x) \notin \mathrm{V}$, donc $\complement^{\mathrm{V}}$ qui est ouvert, est voisinage de $g(x)$, donc il existe un voisi-

nage W de x tel que : $x' \in \mathrm{W} \cap \mathrm{A} \Rightarrow f(x') \in \complement^{\mathrm{V}}$.
U étant ouvert est voisinage de x, donc $\mathrm{W} \cap \mathrm{U}$ est voisinage de x, et $x \in \overline{\mathrm{A}}$, donc $\mathrm{W} \cap \mathrm{U} \cap \mathrm{A} \neq \Phi$, soit $x' \in \mathrm{W} \cap \mathrm{U} \cap \mathrm{A}$:
$x' \in \mathrm{W} \cap \mathrm{A}$ donc $f(x') \in \complement^{\mathrm{V}}$.
$x' \in \mathrm{U} \cap \mathrm{A}$ donc $f(x') \in \mathrm{V}$.
Ce qui est contradictoire, donc $g(x) \in \mathrm{V}$.

3. L'unicité du prolongement est assurée par le lemme 1.5.

□

1.5.7 Suites extraites-valeurs limites

Soit (u_n) une suite dans un espace métrique E, on appelle suite extraite (ou sous-suite) de (u_n) toute suite (u_{n_k}) où n_k est une suite infinie strictement croissante d'entiers.

Par exemple :
$n_k = 2k$: $(u_0, u_2, u_4, ...)$ est une suite extraite
$n_k = 2k + 1$: $(u_1, u_3, u_5, ...)$ est une suite extraite
$n_k = k^2$: $(u_0, u_1, u_4, u_9, ...)$ est une suite extraite.

Théorème 1.14. *Si une suite (u_n) converge vers un point a, alors toute suite extraite converge aussi vers a.*

Démonstration. En effet :
Pour tout $\mathrm{V} \in \mathcal{V}(a)$, il existe N tel que $n \geq \mathrm{N} \Rightarrow u_n \in \mathrm{V}$.
(n_k) étant strictement croissante : il existe K tel que $k \geq \mathrm{K} \Rightarrow n_k \geq \mathrm{N}$.
Alors $k \geq \mathrm{K} \Rightarrow u_{n_k} \in \mathrm{V}$. □

1.5.7.1 Valeurs limites

On appelle valeur limite (ou point limite, ou valeur d'adhérence ou point d'adhérence) d'une suite (u_n) tout point de E qui est limite d'une suite extraite de (u_n).
Le théorème précédent exprime donc qu'une suite convergente possède une et une seule valeur limite : sa limite.
Ceci permet également de montrer qu'une suite (u_n) est divergente si elle possède au moins 2 valeurs limites distinctes, par exemple dans $\mathbb{R}$ la suite $(0, 1, 0, 1, 0, 1, 0....)$ admet 0 et 1 comme valeurs limites.

Remarque 1.11. 1. *Une suite* (u_n) *peut posséder une et une seule valeur limite sans pour celà être convergente.*
Exemple : (u_n) *avec* $u_{2k} = 2k$ *et* $u_{2k+1} = \frac{1}{2k+1}$.

2. *Une suite* (u_n) *peut ne posséder aucune valeur limite (elle est alors divergente).*
Exemple : La suite des entiers naturels.

3. *Soit* (u_n) *une suite et* A *l'ensemble des termes de la suite : si* a *est une valeur limite de* (u_n), *alors* $a \in \overline{\mathrm{A}}$.
En effet, a *est limite d'une suite* (u_{n_k}) *dans* A.

4. *La réciproque de cette propriété est inexacte, par exemple chaque terme* u_n *appartient à* $\overline{\mathrm{A}}$, *mais n'est pas nécessairement valeur limite.*
Exemple : $(0, 1, 1, 1, ...)$: $0 \in \overline{\mathrm{A}}$, 0 *n'est pas valeur limite.*

En vertu de cette remarque, la terminologie "valeur d'adhérence" pourrait entraîner des confusions.

Théorème 1.15 (métrique). *Pour que* a *soit une valeur limite d'une suite* (u_n), *il faut et il suffit que pour tout* $\varepsilon > 0$ *et pour tout entier* p, *il existe* $n > p$ *tel que*
$d(u_n, a) < \varepsilon$.

Démonstration. - Si a est valeur limite, c'est-à-dire la limite d'une sous-suite (u_{n_k}) : il existe K tel que $k \geq \mathrm{K} \Rightarrow d(u_{n_k}, a) < \varepsilon$, d'où la propriété.

- Réciproquement, définissons une suite extraite (u_{n_k}) ainsi :

  . $u_{n_0} = u_0$

  . ensuite, n_k est le plus petit entier $> n_{k-1}$ tel que : $d(u_{n_k}, a) < \frac{1}{k}$.

Alors $(u_{n_k}) \to a$. □

Théorème 1.16 (métrique). *Toute suite de Cauchy qui possède au moins une valeur limite est convergente.*

Démonstration. Soit (u_n) une suite de Cauchy, on suppose qu'il existe une suite extraite (u_{n_k}) qui converge vers un point a :

Pour tout $\varepsilon > 0$, il existe K tel que $k \geq \mathrm{K} \Rightarrow d(u_{n_k}, a) < \frac{\varepsilon}{2}$.
Pour tout $\varepsilon > 0$, il existe p tel que si $n', n'' \geq p \Rightarrow d(u_{n'}, u_{n''}) < \frac{\varepsilon}{2}$.
Soit alors $n \geq p$ et choisissons $k \geq \mathrm{M}ax(\mathrm{K}, p)$, on a $n_k \geq k$:
$d(u_n, a) \leq d(u_n, u_{n_k}) + d(u_{n_k}, a) < \varepsilon$.
Donc $(u_n) \to a$. □

N.B. Ceci montre qu'une suite qui a au moins deux valeurs limites n'est pas un suite de Cauchy.

1.5.8 Propriété des espaces complets

Théorème 1.17. *Si* E *est un espace complet, toute partie fermée non vide* A *est un sous-espace complet.*

Démonstration. En effet :
Soit (x_n) une suite de Cauchy dans A, c'est aussi une suite de Cauchy dans E, donc elle converge vers un point $x \in \mathrm{E}$. Or $x \in \overline{\mathrm{A}}$ et $\overline{\mathrm{A}} = \mathrm{A}$, donc elle converge dans A. □

Théorème 1.18. *Dans un espace métrique quelconque, tout sous-espace complet est une partie fermée.*

Démonstration. Soit $x \in \overline{\mathrm{A}}$ (A sous-espace complet de E) : x est limite d'une suite (x_n) dans A, (x_n) converge dans E vers x, c'est une suite de Cauchy, donc elle converge dans A, donc $x \in \mathrm{A}$.
Ainsi $\overline{\mathrm{A}} \subset \mathrm{A}$, donc $\overline{\mathrm{A}} = \mathrm{A}$: A est fermé. □

Théorème 1.19. *Soit* A *une partie partout dense dans un espace métrique* E*, si toute suite de Cauchy dans* A *converge dans* E*, alors* E *est complet.*

Démonstration. Soit (x_n) une suite de Cauchy dans E, $\overline{\mathrm{A}} = \mathrm{E}$ donc pour chaque n, $x_n \in \overline{\mathrm{A}}$, donc il existe $y_n \in \mathrm{A} \cap \mathrm{B}(x_n, \frac{1}{n}[$.
(y_n) est une suite de Cauchy dans A, en effet :
$d(y_{n'}, y_{n''}) \leq d(y_{n'}, x_{n'}) + d(x_{n'}, x_{n''}) + d(x_{n''}, y_{n''})$
et on sait qu'il existe p tel que si $n', n'' \geq p : d(x_{n'}, x_{n''}) < \frac{\varepsilon}{3}$.
Alors, si $n', n'' \geq \mathrm{M}ax(p, \frac{\varepsilon}{3}) : d(y_{n'}, y_{n''}) < \varepsilon$.
Il en résulte que (y_n) converge vers y dans E, or :

$d(x_n, y) \leq d(x_n, y_n) + d(y_n, y) < \frac{1}{n} + d(y_n, y)$.
Donc (x_n) converge vers y dans E. □

Théorème 1.20. *Un produit fini d'espaces complets est un espace complet.*

Démonstration. Il suffit de raisonner sur 2 espaces complets (E_1, d_1), (E_2, d_2), l'espace produit est muni de la distance produit :
$d((x_1, x_2), (y_1, y_2)) = Max(d_1(x_1, y_1), d_2(x_2, y_2))$.
Soit (u_n) une suite de Cauchy dans $\mathrm{E}_1 \times \mathrm{E}_2$, $u_n = (x_n, y_n)$:
Pour tout $\varepsilon > 0$, il existe $p \in \mathbb{N}$ tel que si

$$n', n'' \geq p : d(u_{n'}, u_{n''}) = Max(d_1(x_{n'}, x_{n''}), d_2(y_{n'}, y_{n''})) < \varepsilon.$$

D'où $d_1(x_{n'}, x_{n''}) < \varepsilon$ et $d_2(y_{n'}, y_{n''}) < \varepsilon$, les suites (x_n) et (y_n) sont des suites de Cauchy respectivement dans E_1 et E_2, donc elles convergent.
Si $(x_n) \to x$ et $(y_n) \to y$, il est facile de voir que $(u_n) \to (x, y)$:
Etant donné $\varepsilon > 0$, il existe N_1 tel que si $n \geq \mathrm{N}_1 : d_1(x_n, x) < \varepsilon$.
De plus il existe N_2 tel que si $n \geq \mathrm{N}_2 : d_2(y_n, y) < \varepsilon$.
Alors, si $n \geq Max(\mathrm{N}_1, \mathrm{N}_2) : d(u_n, (x, y)) < \varepsilon$. □

1.5.9 Conservation de la complétude

1.5.9.1 Cas d'une isométrie

Soient $(\mathrm{E}, d), (\mathrm{E}', d')$ deux espaces isométriques, au moyen de f. Alors, si l'un est complet, l'autre aussi.
En effet :, supposons E complet et soit (y_n) une suite de Cauchy dans E'.
$y_n = f(x_n)$, $d'(y_{n'}, y_{n''}) = d'(f(x_{n'}), f(x_{n''})) = d(x_{n'}, x_{n''})$.
Donc (x_n) est une suite de Cauchy dans E, donc converge vers x, et comme f est continue, (y_n) converge vers $f(x)$.
En revanche, la complétude n'est pas nécessairement conservée par homéomorphisme ou par distances topologiquement équivalentes.

Exemple 1.15. $(\mathbb{R}, d)$: *droite numérique euclidienne.*
$(\mathbb{R}, d')$: *avec la distance transposée de* $]-1, 1[$.
Ces deux distances sont topologiquement équivalentes (c'est-à-dire $id_{\mathbb{R}}$

est un homéomorphisme).
$(\mathbb{R}, d)$ *est complet.*
$(\mathbb{R}, d')$ *n'est pas complet, car il est isométrique à* $]-1,1[$ *qui est un sous-espace euclidien non fermé de* $\mathbb{R}$.

N.B. Par contre, $\left(\overline{\mathbb{R}}, \overline{d}\right)$ est complet (isométrique avec $[-1,1]$).

1.5.9.2 Cas d'un homéomorphisme bi-uniformément continu

S'il existe un homéomorphisme bi-uniformément continu de (E, d) sur (E', d'), alors si l'un de ces espaces est complet, l'autre l'est aussi.
En effet :
Supposons (E, d) complet et soit (y_n) une suite de Cauchy dans E'.
Posons $x_n = f^{-1}(y_n)$. f^{-1} est uniformément continue :
Pour $\varepsilon > 0$, il existe $\eta > 0$ tel que :
$d'(y, y') < \eta \Rightarrow d(f^{-1}(y), f^{-1}(y')) < \varepsilon$.
(y_n) est une suite de Cauchy :
Pour $\eta > 0$ il existe p tel que si $n', n'' \geq p : d'(y_{n'}, y_{n''}) < \eta$.
Alors $d(x_{n'}, x_{n''}) < \varepsilon$.
Donc (x_n) est une suite de Cauchy dans E, donc converge, et comme f est continue il en résulte que (y_n) converge dans E'. Ainsi E' est complet.
Notons que ce résultat contient en particulier celui des isométries.

1.5.9.3 Retour sur les équivalences de distances

Soient d_1, d_2 deux distances sur E, soit i l'application identique de (E, d_1) sur (E, d_2). Puisque ici nous avons deux notions d'équivalences :

1) Equivalence (simple) : i est bi-lipschitzienne.
2) Equivalence topologique : i est bi-continue. Nous ajouterons maintenant :
3) Equivalence uniforme : i est bi-lipschitzienne continu.

Dans ce cas il y a donc conservation de la complétude.
On a évidemment :
(Equivalence) $\Rightarrow$(Equivalence uniforme)$\Rightarrow$ (Equivalence topologique).

Ces implications sont strictes

Exemple 1.16 (Exercices). *Dans* $\mathbb{R}$

1. $d(x,y) = |x-y|$ *et* $d'(x,y) = \left|\frac{x}{1+|x|} - \frac{y}{1+|y|}\right|$
   sont topologiquements équivalentes.
2. $d(x,y) = |x-y|$ *et* $d''(x,y) = \mathrm{Min}\,[1, |x-y|]$
   sont uniformément équivalentes.

N.B. On vera, plus tard, que dans un espace normé les 3 notions d'équivalences sont identiques.

Chapitre 2

Convexité, connexité, compacité, espaces métriques

2.1 Convexité

Il s'agit essentiellement de complements d'algèbre linéaire. Dans tout ce paragraphe, E désigne un espace vectoriel vectoriel sur $\mathbb{R}$.

Définition 2.1 (Segments). *Si x, y sont deux éléments de E, on définit le segment d'extremités x, y par :*

$$\overline{xy} = \{z = tx + (1-t)y \ / \ t \in [0,\, 1]\}$$

$\overline{xy}$ est donc une partie de E

Remarque 2.1. *1. $\overline{xy} = \overline{yx}$ en posant $t' = 1 - t$*

2. $x \in \overline{xy}$ (pour $t = 1$) et $y \in \overline{xy}$ (pour $t = 0$)

3. $\overline{xx} = \{x\}$

Exemple 2.1. *Dans le cas de $\mathbb{R}^2$, en représentation affine, on retrouve la représentation barycentrique usuelle : $\overrightarrow{\mathrm{OM}} = t\overrightarrow{\mathrm{OA}} + (1-t)\overrightarrow{\mathrm{OB}}$*

Définition 2.2 (Convexité). *Une partie non vide A de E est dite convexe si quels que soit x, y dans A, $\overline{xy} \subset \mathrm{A}$*

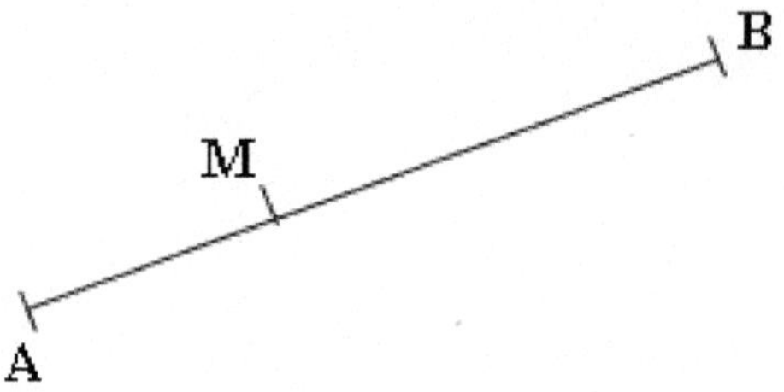

- Un singleton est toujours un convexe.
- En remarquant que $z \in \overline{xy}$ peut s'écrire $z = \lambda_1 x + \lambda_2 y$ avec $\lambda_1 \geq 0$, $\lambda_2 \geq 0$ et $\lambda_1 + \lambda_2 = 1$ (i.e.,$\lambda_1 = t$ et $\lambda_2 = 1 - t$), la définition précédente peut se généraliser.

Nous appellerons combinaison barycentrique dans A, toute combinaison linéaire finie $\sum\limits_1^n \lambda_i x_i$ avec : $\begin{cases} -\text{tous les } x_i \text{ appartiennent à A} \\ -\text{pour tout } i,\ \lambda_i \geq 0 \\ -\sum\limits_1^n \lambda_i = 1 \end{cases}$

On a alors :

Théorème 2.1. *Pour que A soit convexe, il faut et il suffit que toute combinaison barycentrique dans A appartienne à A.*

Démonstration. - Si toute combinaison barycentrique dans A appartient à A, évident.

- Si A est convexe, soit $y = \sum\limits_1^n \lambda_i x_i$ une combinaison barycentrique dans A. On raisonne par reccurence sur n.

- Pour $n = 1$ (et pour $n = 2$), on a évidemment le résultat par définition.
- Supposons la propriété vraie pour $n - 1$.
  - Si $\sum\limits_1^{n-1} \lambda_i x_i = 0$: $\lambda_1 = \lambda_2 = \ldots \lambda_{n-1} = 0,\ \lambda_n = 1$
    $y = x_n \in \text{A}$
  - Si $s = \sum\limits_1^{n-1} \lambda_i x_i \neq 0$: posons $z = \dfrac{\lambda_1}{s} x_1 + \ldots \dfrac{\lambda_{n-1}}{s} x_{n-1}$
    z est une combinaison barycentrique dans A de longueur $n-1$,

donc $z \in$ A. En écrivant $y = sz + \lambda_n x_n$ $(s + \lambda_n = 1)$: $y \in \overline{zx_n}$, donc $y \in$ A.

□

Définition 2.3 (Enveloppe convexe). *Soit maintenant A une partie non vide quelconque de E, en général, elle ne sera pas convexe. A est contenu dans des parties convexes (au moins E). On vérifie immédiatement qu'une intersection non vide de convexes est convexe. L'intersection de tous les convexes contenant A est donc la plus petite partie convexe contenant A. Par définition, on l'appelle l'enveloppe convexe de A, et on le notera* $\mathcal{K}(\mathrm{A})$.

On peut caractériser $\mathcal{K}(\mathrm{A})$:

Théorème 2.2. $\mathcal{K}(\mathrm{A})$ *est l'ensemble des combinaisons barycentriques de A*

Démonstration. Appelons B l'ensemble des combinaisons barycentriques dans A.

- B est convexe : soient $x = \sum_1^n \lambda_i x_i$ et $y = \sum_1^p \mu_i y_i$ deux éléments de B et
  soit $z = tx + (1-t)y$, $t \in [0, 1]$.
  $z = \lambda_1 t x_1 + \ldots + \lambda_n t x_n + \mu_1(1-t)y_1 + \ldots + \mu_p(1-t)y_p$,
  pour tout i : $x_i \in \mathrm{A}$, $y_i \in \mathrm{A}$, $\lambda_i t \geq 0$, $\mu_i(1-t) \geq 0$
  et $\lambda_1 t + \ldots + \lambda_n t + \mu_1(1-t) + \ldots + \mu_p(1-t) = t + (1-t) = 1$
  Donc $z \in$ B
- B $\supset$ A
- Si C est un autre convexe tel que A $\subset$ C, soit $y = \sum_1^n \lambda_i x_i \in$ B, pour tout i, $x_i \in$ A, donc $x_i \in$ C, donc $y \in$ C : B $\subset$ C. Ce qui prouve que B $= \mathcal{K}(\mathrm{A})$.

□

N.B. Si A est convexe, $\mathcal{K}(\mathrm{A}) = \mathrm{A}$
Dans le cas d'un espace de dimension finie, on peut limiter la longueur des combinaisons barycentriques dans A :

Théorème 2.3 (Théorème de Carathéodory). *Si E est un espace de dimension finie n, tout élément de $\mathcal{K}(\mathrm{A})$ est combinaison barycentrique d'au plus n+1 éléments de A.*

Démonstration. Soit $x \in \mathcal{K}(\mathrm{A})$, $x = \sum_1^p \lambda_i x_i$, on peut supposer que pour tout i, $\lambda_i > 0$, et que p est minimum.

Posons $y_i = x_i - x$, on a : $\sum_1^p \lambda_i y_i = \sum_1^p \lambda_i x_i - x \sum_1^p \lambda_i = 0$.

Supposons $p > n+1$, donc $p - 1 > n$, le système de p-1 vecteurs $\{y_2, \dots y_p\}$ n'est donc pas libre : il existe des scalaires $\alpha_2, \dots, \alpha_p$ tous non nuls tels que $\sum_2^p \alpha_i y_i = 0$.

Posons $\alpha_1 = 0$; pour tout $\beta \in \mathbb{R}$: $\sum_1^p (\lambda_i + \beta\alpha_i) y_i = 0$.

Soit k un indice $(2 \leq k \leq p)$ tel que $\left|\frac{\lambda_k}{\alpha_k}\right| = \min_{\alpha_i \neq 0}\left(\left|\frac{\lambda_i}{\alpha_i}\right|\right)$ et prenons $\beta = -\frac{\lambda_k}{\alpha_k}$.

Pour simplifier l'écriture (quitte à changer la numérotation) nous pouvons supposer $k = p$. On a :

- $\lambda_1 + \beta\alpha_1 = \lambda_1 > 0$
- Pour $2 \leq i < p$ et $\alpha_i = 0 : \lambda_i + \beta\alpha_i = \lambda_i > 0$
- Pour $2 \leq i < p$ et $\alpha_i \neq= 0 : \lambda_i + \beta\alpha_i \geq 0$,

  en effet, si $\lambda_i + \beta\alpha_i < 0$, $0 < \lambda_i < -\beta\alpha_i$, $|\lambda_i| < \left|\frac{\lambda_k}{\alpha_k}\right| |\alpha_i|$, $\left|\frac{\lambda_i}{\alpha_i}\right| < \left|\frac{\lambda_k}{\alpha_k}\right|$: contradiction.
- $\lambda_p + \beta\alpha_p = 0$

En posant $\gamma_i = \lambda_i + \beta\alpha_i$, on a donc $\sum_1^{p-1} \gamma_i y_i = 0$ avec pour tout i, $\gamma_i \geq 0$ et au moins $\gamma_1 > 0$.

$\sum_1^{p-1} \gamma_i x_i = \sum_1^{p-1} \gamma_i (y_i + x) = x \sum_1^{p-1} \gamma_i = sx$ avec $s = \sum_1^{p-1} \gamma_i > 0$.

D'où $x = \sum_1^{p-1} \frac{\gamma_i}{s} x_i$ avec $\frac{\gamma_i}{s} \geq 0$ et $\sum_1^{p-1} \frac{\gamma_i}{s} = 1$. Ce qui contredit le fait que p soit minimun. Donc $p \leq n+1$ □

2.1.1 Cas d'un espace vectoriel normé

E est ici un espace vectoriel normé sur $\mathbb{R}$.

Théorème 2.4. *Toute boule de* E *est convexe*

Démonstration. Considérons par exemple une boule fermée $\mathrm{B}(a,\, r]$, soient $x, y \in \mathrm{B}(a,\, r]$ et $z \in \overline{xy}$: $z = tx + (1-t)y$ avec $t \in [0,\, 1]$.

$$\begin{aligned} z - a &= tx + (1-t)y - a \\ &= t(x-a) + (1-t)t + ta - a \\ &= t(x-a) + (1-t)(y-a) \end{aligned}$$

et

$$\begin{aligned} \|z - a\| &\leq t\|(x-a)\| + (1-t)\|(y-a)\| \\ &\leq tr + (1-t)r \\ &\leq r \end{aligned}$$

Donc $z \in \mathrm{B}(a,\, r]$.

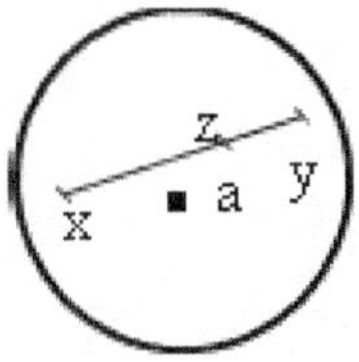

La démonstration est analogue pour la boule ouverte. □

Nous utiliserons plutard, à plusieurs reprises, la notion de convexité.

Remarque 2.2. *Les parties convexes de* $\mathbb{R}$ *sont les intervalles au sens large :*

- $[a,\, b]$ *(en particulier* $[a,\, a] = a$
- $]a,\, b[,\ ]a,\, b],\ [a,\, b[$
- $(\leftarrow,\, a],\ (\leftarrow,\, a[,\ [a,\, \rightarrow),\ ]a,\, \rightarrow)$
- $(\leftarrow,\, \rightarrow) = \mathbb{R}$

Donc dans $\mathbb{R}$, A *convexe signifie :* $a, b \in \mathrm{A} \rightarrow [a,\, b] \subset \mathrm{A}$

2.2 Connexité (étude topologique)

Dans ce qui suit, (E, d) est un espace métrique quelconque, mais nous n'utiliserons que les notions topologiques (ouverts, fermés,...).

Définition 2.4. ***Espace connexe***
E est dit connexe s'il vérifie la propriété suivante :
(CN) les seuls ouverts et fermés de E sont E et Φ.

N.B. Un espace discret ayant au moins deux points n'est jamais connexe.

Axiomes équivalents
(CN') Il n'existe aucune partition de E en deux ouverts.
En effet :
Si $\mathrm{E} = \mathrm{A} \bigcup \mathrm{B}$ avec A et B ouverts non vides disjoints, on a $\mathrm{B} = \complement \mathrm{A}$
$\mathrm{A} = \complement^{\mathrm{B}}$ donc A et B sont des ouverts-fermés distincts de E et Φ.
Réciproquement, s'il existe un ouvert-fermé Ω distinct de E et de Φ : Ω et $\complement^{\Omega}$ forment une partition de E en deux ouverts.
(CN") Il n'existe aucune partition de E en deux fermés.
Démonstration analogue.

Définition 2.5 (Partie connexe). *Soit E un espace métrique quelconque et A une partie non vide de E, on dit que A est une partie connexe si le sous-espace A est connexe (pour la topologie induite), c'est à dire :*

- *Les seuls parties à la fois ouvertes et fermées de A sont A et Φ*
- *Il n'existe aucune partition de A en deux ouverts sur A*
- *Il n'existe aucune partition de A en deux fermés sur A*

N.B. Un singleton est toujours connexe.
En particulier :
Si A est ouvert (resp. fermé), A connexe équivaut à : il n'existe aucune partition de A en deux ouverts (resp. fermés).
N.B. Un ouvert connexe est appelé un domaine.

Théorème 2.5. *Si A est une partie connexe, alors toute partie B telle que* $\mathrm{A} \subset \mathrm{B} \subset \overline{\mathrm{A}}$ *est connexe.*

Démonstration. Supposons B non connexe :
$\mathrm{B} = \Omega_1 \bigcup \Omega_2$, $\Omega_1 \neq \Phi$, $\Omega_2 \neq \Phi$, $\Omega_1 \bigcap \Omega_2 = \Phi$, Ω_1, Ω_2 ouverts sur B.

Il existe deux ouverts O_1, O_2 tels que $\Omega_1 = O_1 \bigcap B$, $\Omega_2 = O_2 \bigcap B$. Posons $\Omega'_1 = \Omega_1 \bigcap A$, $\Omega'_2 = \Omega_2 \bigcap A$.
$\Omega'_1 = O_1 \bigcap B \bigcap A = O_1 \bigcap A$ est un ouvert de A, de même Ω'_2. $\Omega'_1 \neq \Phi$ car il existe $x \in \Omega_1$, donc $x \in B$, donc $x \in \overline{A}$, et O_1 est un voisinage de x, donc $O_1 \bigcap A \neq \Phi$.
De même $\Omega'_2 \neq \Phi$. On a évidemment $\Omega'_1 \bigcap \Omega'_2 = \Phi$. $\Omega'_1 \bigcup \Omega'_2 = (\Omega_1 \bigcup \Omega_2) \bigcap A = B \bigcap A = A$.
Ceci contredit la connexité de A □

Corollaire 2.1.

- *L'adhérence d'une partie connexe est connexe (**N.B.** L'adhérence d'un domaine est appelée une région)*
- *Si E possède une partie partout dense connexe, alors E est connexe.*

Théorème 2.6.
Soit $(A_i)_{i \in I}$ *une famille de parties connexes telle que* $\bigcap\limits_{i \in I} A_i \neq 0$, *alors* $\bigcup\limits_{i \in I} A_i$ *est connexe.*

Démonstration. Supposons $A = \bigcup\limits_i A_i$ non connexe :
$A = \Omega_1 \bigcup \Omega_2$, $\Omega_1 \neq \Phi$, $\Omega_2 \neq \Phi$, $\Omega_1 \bigcap \Omega_2 = \Phi$, Ω_1, Ω_2 ouverts sur A. Soit $x \in \bigcap\limits_{i \in I} A_i$, à fortiori $x \in A$, soit par exemple $x \in \Omega_1$. Soit $y \in \Omega_2$, à fortiori $y \in A$ donc il existe $k \in I$ tel que $y \in A_k$. On a aussi $x \in A_k$. Posons $\Omega'_1 = \Omega_1 \bigcap A_k$ et $\Omega'_2 = \Omega_2 \bigcap A_k$. $\Omega_1 = O_1 \bigcap A$, O_1 ouvert, donc $\Omega'_1 = O_1 \bigcap A \bigcap A_k = O_1 \bigcap A_k$: ouvert sur A_k, de même Ω'_2
$\Omega'_1 \neq \Phi$ $(x \in \Omega'_1)$
$\Omega'_2 \neq \Phi$ $(y \in \Omega'_2$
$\Omega'_1 \bigcap \Omega'_2 = \Phi$
$\Omega'_1 \bigcup \Omega'_2 = (\Omega_1 \bigcup \Omega_2) \bigcap A_k = A \bigcap A_k = A_k$. Ceci contredit la connexité de A_k □

Théorème 2.7.
Si $A_1, \ldots, A_n$ *sont des parties connexes telles que* $A_i \bigcap A_{i+1} \neq 0$

$(i = 1, \ldots n-1)$,

alors $\bigcup_{1}^{n} A_i$ *est connexe.*

Démonstration. On pose $B_i = A_1 \bigcup A_2 \bigcup \ldots \bigcup A_i$. $B_1 = A_1$ est connexe et par recurrence sur i, puisque $B_i = B_{i-1} \bigcup A_i$ avec $B_{i-1} \bigcap A_i \neq \Phi$, B_i est connexe. Donc B_n est connexe. □

Théorème 2.8. *Soient A une partie connexe et B une partie telle que*
$A \bigcap B \neq \Phi$ *et* $A \bigcap \complement B \neq \Phi$, *alors* $A \bigcap Fr(B) \neq \Phi$.

Démonstration. Supposons que $A \bigcap Fr(B) = \Phi$. Posons $\Omega_1 = A \bigcap \overset{\circ}{B}$ et $\Omega_2 = A \bigcap Ext(B)$.
Ω_1 et Ω_2 sont ouverts sur A. $\Omega_1 \bigcap \Omega_2 = \Phi$.

$$\begin{aligned}
\Omega_1 \bigcup \Omega_2 &= \left(A \bigcap \overset{\circ}{B}\right) \bigcup (A \bigcap Ext(B)) \bigcup (A \bigcap Fr(B)) \\
&= A \bigcap \left(\overset{\circ}{B} \bigcup Ext(B) \bigcup Fr(B)\right) \\
&= A \bigcap E \\
&= A
\end{aligned}$$

Soit $x \in A \bigcap B$, $x \in \overline{B}$ donc $x \notin Ext(B)$ donc $x \in \overset{\circ}{B}$: $\Omega_1 \neq \Phi$
Soit $y \in A \bigcap \complement B$, $y \in \overline{\complement B}$ donc $y \in Ext(B)$: $\Omega_2 \neq \Phi$.
Ceci contredit la connexité de A. □

Corollaire 2.2. *Si* E *est une partie connexe, pour toute partie B telle que* $B \neq \Phi$ *et* $B \neq E$, *alors* $Fr(B) \neq \Phi$.

2.2.1 Connexité et continuité

Soient deux espaces métriques E, E' et une application $f : E \longrightarrow E'$

Théorème 2.9. *Si A est une partie connexe de E et si f est continue sur A, alors f(A) est connexe.*

Démonstration.
Supposons f(A) non connexe.
$f(A) = \Omega_1 \bigcup \Omega_2$, $\Omega_1 \neq \Phi$, $\Omega_2 \neq \Phi$, $\Omega_1 \bigcap \Omega_2 = \Phi$, Ω_1, Ω_2 ouverts sur $f(A)$.

Posons $\Omega'_1 = \mathrm{A} \bigcap f^{-1}(\Omega_1)$, $\Omega'_2 = \mathrm{A} \bigcap f^{-1}(\Omega_2)$
Ω'_1 et Ω'_2 sont ouverts sur A (f application de A sur $f(\mathrm{A})$).
Soit $y \in \Omega_1$, $y \in f(\mathrm{A})$ donc, il existe $x \in \mathrm{A}$ tel que $y = f(x)$, alors $x \in f^{-1}(\Omega_1)$.
Donc $\Omega' \neq \Phi$. De même $\Omega'_2 \neq \Phi$.
$\Omega'_1 \bigcup \Omega'_2 = \mathrm{A} \bigcap (f^{-1}(\Omega_1) \bigcup f^{-1}(\Omega_2)) = \mathrm{A} \bigcap f^{-1}(\Omega_1 \bigcup \Omega_2) = \mathrm{A} \bigcap f^{-1}(f(\mathrm{A})) = \mathrm{A}$,
$(\mathrm{A} \subset f^{-1}(f(\mathrm{A})))$
$\Omega'_1 \bigcap \Omega'_2 = \mathrm{A} \bigcap (f^{-1}(\Omega_1) \bigcap f^{-1}(\Omega_2)) = \mathrm{A} \bigcap f^{-1}(\Omega_1 \bigcup \Omega_2) = \Phi$
Ceci contredit la connexité de A. □

Autre définition de la connexité

Soit E un ensemble non vide, posons $\mathrm{U} = \{0, 1\}$, on rappelle qu' à toute partie A de E on peut associer (de façon bijective) sa fonction caractéristique $\gamma_{\mathrm{A}} : \mathrm{E} \longrightarrow \mathrm{U}$ définie par : $\gamma_{\mathrm{A}}(x) = \begin{cases} 1 \text{ si } x \in \mathrm{A} \\ 0 \text{ si } x \in \complement\mathrm{A} \end{cases}$
U sera également muni de la distance discrète, il n'est donc pas connexe.

Théorème 2.10. *Il y a équivalence entre :*

1) *E est connexe*

2) *Il n'existe aucune application continue de* E *sur* U.

Démonstration. 1) → 2)E connexe, s'il existe une surjection continue $f : \mathrm{E} \to \mathrm{U}$, $f(\mathrm{E}) = \mathrm{U}$ serait connexe.
2) → 1) Supposons E non connexe : il existe un ouvert fermé de A avec
$\mathrm{A} \neq \Phi$, $\mathrm{A} \neq \mathrm{E}$, la fonction γ_{A} est alors surjective. En outre γ_{A} est continue : $\gamma_{\mathrm{A}}^{-1}(\Phi) = \Phi$, $\gamma_{\mathrm{A}}^{-1}(\{1\}) = \mathrm{A}$,
$\gamma_{\mathrm{A}}^{-1}(0) = \complement^{\mathrm{A}}$, $\gamma_{\mathrm{A}}^{-1}(\mathrm{U}) = \mathrm{E}$: ce sont tous des ouverts de E. ce qui est contradictoire. □

N.B. Autrement dit, E est connexe si et seulement si les seules applications continues de E dans U sont les apllications constantes.

2.2.2 Produit d'espaces connexes

Nous raisonnons sur deux espaces métriques E_1, E_2 (par recurrence, ce sera vrai pour tout produit fini), soit $E = E_1 \times E_2$ l'espace produit.

Théorème 2.11. *Il y a équivalence entre :*

1) *E est connexe*

2) E_1 *et* E_2 *sont connexes.*

Démonstration. 1) → 2) car $E_1 = Pr_1(E)$, $E_2 = Pr_2(E)$ et Pr_1, Pr_2 sont continues sur E.
2) → 1) Soit f une application continue de E dans U.
Fixons $x = (x_1, x_2) \in E$ et considérons l'application partielle en x :

$$f_{x_1}(y_2) = f(x_1, y_2) \qquad E_2 \to U$$

Nous savons que f_{x_1} est continue, donc elle est constante :

$$f_{x_1}(y_2) = f_{x_1}(x_2)$$

Donc $f(x_1, y_2) = f(x_1, x_2)$ pour tout $y_2 \in E_2$
De même $f(y_1, x_2) = f(x_1, x_2)$ pour tout $y_1 \in E_1$
(x_1, x_2) étant arbitraire, il en resulte :
$f(y_1, y_2) = f(y_1, x_2) = f(x_1, x_2)$,
donc f est constante : E est connexe. □

2.2.3 Espace localement connexe

Un espace E est dit localement connexe si pour tout $x \in E$ et tout voisinage V de x, il existe un voisinage connexe W de x tel que $V \supset W$

Exemple 2.2. *Un espace discret est localement connexe.*

N.B. Un espace peut être connexe sans être localement connexe.

2.2.4 Composantes connexes

Soit E un espace métrique quelconque, si $x \in \mathrm{E}$, soit $\complement(x)$ la famille des parties connexes contenant x, (il y a au moins $\{x\}$). $\bigcap\limits_{\mathrm{A}\in\complement(x)} \mathrm{A} \neq \Phi$ (car elle contient au moins x). Donc $\bigcup\limits_{\mathrm{A}\in\complement(x)} \mathrm{A} = c(x)$ est connexe, c'est la plus grande partie connexe contenant x, on l'appelle la composante connexe de x.

Propriété 2.1. 1. *E connexe signifie : $c(x) = \mathrm{E}$ pour tout x.*

2. *Si pour tout x, $c(x) = \{x\}$, on dit que E est totalement discontinu (c'est le cas des espaces discrets, mais il y en a d'autres).*
3. *$c(x)$ est toujours fermé, car $\overline{c(x)}$ est connexe, donc $\overline{c(x)} = c(x)$*
4. *Si $y \in c(x)$, alors $c(y) \supset c(x)$, donc $x \in c(y)$, donc $c(x) \supset c(y)$, donc $c(y) = c(x)$.*
5. *La relation $y \in c(x)$, i.e., $c(x) = c(y)$ est une relation d'équivalence sur E et les classes d'équivalence sont les composantes connexes.*
6. *Si A est un ouvert fermé et si $x \in \mathrm{A}$: $c(x) \subset \mathrm{A}$. En effet : $c(x)\bigcap \mathrm{A} \neq \Phi$, supposons $c(x)\bigcap \complement\mathrm{A} \neq \Phi$, alors $c(x)\bigcap \mathrm{Fr}(\mathrm{A}) \neq \Phi$. Or $\mathrm{Fr}(\mathrm{A}) = \overline{\mathrm{A}}\bigcap\overline{\complement\mathrm{A}} = \mathrm{A}\bigcap\complement\mathrm{A} = \Phi$, ce qui est contradictoire.*
7. *Si E est localement connexe, $c(x)$ est toujours un ouvert fermé :*
   - *$c(x)$ est fermé*
   - *Soit $y \in c(x)$, $c(y) = c(x)$, y possède un voisinage connexe V, donc $\mathrm{V} \subset c(y) = c(x)$, donc $c(x)$ est un voisinage de y.*

2.3 Connexité (étude métrique)

2.3.1 Connexité dans $\mathbb{R}$

Nous considérons ici $\mathbb{R}$ euclidien.

Théorème 2.12. *Pour que une partie de $\mathbb{R}$ soit connexe, il faut et il suffit qu'elle soit convexe (i.e., un intervalle au sens large)*

Démonstration. 1) Si A est une partie connexe
Si A est une singleton, A est convexe.
Sinon, soient $a,\ b \in$ A avec $a < b$, et montrons que $[a,\ b] \subset$ A.
Supposons qu'il existe $x \in [a,\ b]$ tel que $x \notin$ A, alors $x \in]a,\ b[$.
$\Omega_1 = \mathrm{A} \bigcap (\leftarrow,\ x[$ est ouvert sur A et est non vide ($a \in \Omega_1$)
$\Omega_2 = \mathrm{A} \bigcap]x,\ \leftarrow)$ est ouvert sur A et est non vide ($b \in \Omega_2$),
$\Omega_1 \bigcap \Omega_2 = \Phi,\ \Omega_1 \bigcup \Omega_2 = \mathrm{A}$ ceci contredit la connexité de A. Donc $[a,\ b] \subset$ A.
2) Réciproquement, soit A une partie convexe et supposons A non convexe : $\mathrm{A} = \Omega_1 \bigcup \Omega_2$,
$\Omega_1 \neq \Phi,\ \Omega_2 \neq \Phi,\ \Omega_1 \bigcap \Omega_2 = \Phi,\ \Omega_1,\ \Omega_2$ ouverts sur A. Soient $a \in \Omega_1$ et $b \in \Omega_2,\ a \neq b$. On suppose par exemple que $a < b$, alors $[a,\ b] \subset$ A. Posons $\Omega'_1 = \Omega_1 \bigcap [a,\ b]$ et $\Omega'_2 = \Omega_2 \bigcap [a,\ b]$. $\Omega_1 = \mathrm{O}_1 \bigcap \mathrm{A},\ \mathrm{O}_1$ ouvert ; donc $\Omega'_1 = \mathrm{O}_1 \bigcap \mathrm{A} \bigcap [a,\ b] = \mathrm{O}_1 \bigcap [a,\ b]$ est un ouvert sur $[a,\ b]$.

De même Ω'_2 est un ouvert sur $[a,\ b]$. Ω'_1 est non vide et borné, posons $s = \sup \Omega'_1,\ s \in [a,\ b]$.

- Si $s \in \Omega'_1$: Ω'_1 est voisinage de s dans $[a,\ b]$:
  $\Omega'_1 \supset [s - h\, s + h] \bigcap [a,\ b]$

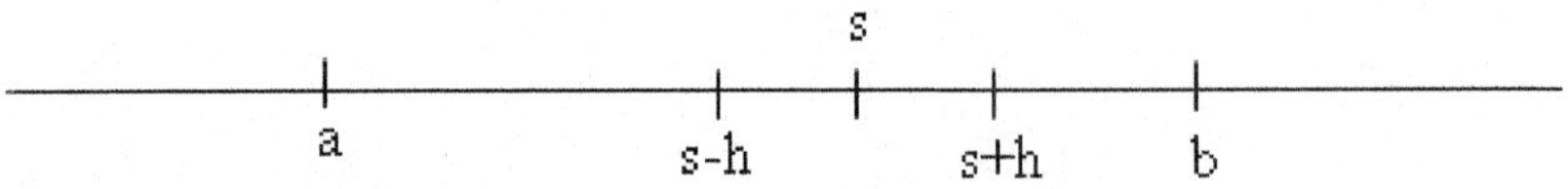

  - Si $s + h \leq b$: $s + h \in \Omega'_1$, contradiction car $s + h > s$
  - Si $s + h > b$: $b \in \Omega'_1$, contradiction car $b \in \Omega_2$
- Si $s \notin \Omega'_1$, alors $s \in \Omega'_2$, Ω'_2 est voisinage de s dans $[a,\ b]$:
  $\Omega'_2 \supset [s - h,\ s + h] \bigcap [a,\ b]$
  - Si $s - h \geq a$: $[s - h\, s] \subset \Omega'_2$, contradiction car il existe $x \in \Omega'_1$ tel que $s - h < x \leq s$.
  - Si $s - h < a$: $a \in \Omega'_2$, contradiction car $a \in \Omega_1$

Donc A est connexe. □

Conséquences 2.1.

1. *$\mathbb{R}$ est à la fois connexe et localement connexe.*
2. *$\overline{\mathbb{R}}$ est également connexe et localement connexe (homéomorphe à $[-1, 1]$*
3. *$\mathbb{Q}$ n'est pas connexe, en outre il est totalement discontinu (sans être discret).*
4. *Si f est une application continue de $\mathbb{R}$ dans $\mathbb{R}$, l'image d'un intervalle est un intervalle, autrement dit : si $a, b \in \mathbb{R}$ alors f prend toutes les valeurs entre $f(a)$ et $f(b)$ (théorème de BOLZANO).*
5. *Les espaces $\mathbb{R}^n$ sont connexes (pour la distance produit, ou toute autre distance topologiquement équivalente, comme la distance euclidienne).*
6. *Les espaces $\mathbb{R}^n$ sont localement connexes, car les pavés (produit d'intervalles sont connexes).*

2.3.2 Espaces bien enchainés

Soient (E, d) un espace métrique, x, $y \in$ E et $\varepsilon > 0$, on appelle $\varepsilon-$chaîne de x vers y toute suite finie de points de E :
$x_0 = x, x_1, \ldots, x_n = y$ telle que $d(x_i, x_{i+1}) \leq \varepsilon$ pour
$i = 0, 1, \ldots, n-1$.
On écrira $x - \varepsilon - y$ pour signifier qu'il existe une $\varepsilon-$chaîne de x vers y.
On dira que x **est enchaîné à** y, si pour tout $\varepsilon > 0$: $x - \varepsilon - y$.
On dira que E **est bien enchaîné,** si deux points quelconques de E sont bien enchaînés.

Lemme 2.1. *La relation $x - \varepsilon - y$ est une équivalence dans E.*

Démonstration.
Reflexivité et symétrie : trivial
Transitivité : supposons $x - \varepsilon - y$ et $y - \varepsilon - z$, il suffit de juxtaposer les
$\varepsilon-$chaînes de x vers y et de y vers z pour avoir une $\varepsilon-$chaîne de x vers z. □

On notera $\varepsilon(x)$ la classe d'équivalence de x : $\varepsilon(x) = \{y / x - \varepsilon - y\}$

Lemme 2.2. *La relation " x est enchaîné à y" est une équivalence dans E.*

C'est la même démonstration que pour le lemme 2.1, mais pour tout $\varepsilon > 0$, on notera $\widetilde{x}$ la classe d'équivalence de x : $\widetilde{x} = \bigcap_{\varepsilon>0} \varepsilon(x)$

Lemme 2.3. *Pour tout x, $\varepsilon(x)$ est un of de E.*

Démonstration. 1)$\varepsilon(x)$ est ouvert : soit $y \in \varepsilon(x)$ et soit $x_0 = x,\ x_1, \ldots, x_n = y$ une $\varepsilon-$chaîne, alors pour tout $z \in \mathrm{B}(y,\ \varepsilon]$, $x_0 = x, x_1, \ldots, x_n = y, x_{n+1} = z$ est aussi une $\varepsilon-$chaîne, donc : $z \in \varepsilon(x)$: $\mathrm{B}(y,\ \varepsilon] \subset \varepsilon(x), \varepsilon(x)$ est voisinage de y.
2) $\varepsilon(x)$ est fermé : d'après le lemme 2.1, $\complement^{\varepsilon(x)} = \bigcup_{y \notin \varepsilon(x)} \varepsilon(y)$ qui est un ouvert. □

Théorème 2.13. *Tout espace métrique connexe est bien enchaîné*

Démonstration. Soit $x \in \mathrm{E}$, $\varepsilon(x)$ est un ouvert fermé contenant x, donc $\varepsilon(x) = \mathrm{E}$ pour ε; donc $c(x) = \varepsilon(x)$, et ceci pour tout $\varepsilon > 0$,donc $c(x) \subset \widetilde{x}$, mais E étant connexe $c(x) = \mathrm{E}$, donc $\widetilde{x} = \mathrm{E}$, et ceci pour tout x, donc E est bien enchaîné. □

N.B. La réciproque est fausse, par exemple $\mathbb{Q}$ est bien enchaîné mais n'est pas connexe. On verra toutefois une réciproque dans le cas d'un espace compact.

2.4 Connexité par arcs

Il s'agit ici d'une étude purement topologique, sauf la fin du paragraphe qui concerne les espaces vectoriels normés.

Définition 2.6. *Soit E un espace métrique quelconque.*

- *Un chemin dans* E *est toute application continue* $f : [0,\ 1] \longrightarrow \mathrm{E}$, *(*$[0,\ 1]$ *euclidien).*
- *Un arc dans E est l'image d'un chemein :* $f\,([0,\ 1]) \subset \mathrm{E}$.
- *Si* $a = f(0)$ *et* $b = f(1)$, *a et b sont appelés les* extremités de l'arc ou du chemin. *On parlera d'un arc, ou d'un chemin de a vers b.*

- *E est dit* connexe par arcs *si quels que soient a et b dans* E, *il existe un arc de a vers b.*

N.B. Un arc est toujours une partie connexe de E.

Théorème 2.14. *La relation " il existe un arc de a vers b" est une équivalence dans E.*

Démonstration.
1)reflexivité : On prend l'application constante $f\ :\ [0,\ 1] \longrightarrow$ E, $f(t) = a$.
2) Symétrie : Soit f un chemin tel que $f(0) = a,\ f(1) = b$, on définie $g : [0,\ 1] \longrightarrow$ E, par $g(t) = f(1-t)$, g est continue (composée d'applications continues) et $g(0) = b,\ g(1) = a$.
3) Transitivité : Soit f (respectivement g) un chemin tel que $f(0) = a$, $f(1) = b$ (respectivement $g(0) = b,\ g(1) = c$).
Définissons $h : [0,\ 1] \longrightarrow$ E, par

$$\begin{cases} h(t) = f(2t) \text{ si } 0 \leq t \leq \dfrac{1}{2} \\ h(t) = f(2t-1) \text{ si } \dfrac{1}{2} \leq t \leq 1 \end{cases}$$

h est continue, en effet :

- h est continue sur $[0,\ \frac{1}{2}]$
- h est continue sur $]\frac{1}{2},\ 0]$
- $\displaystyle \lim_{\substack{t \to \frac{1}{2} \\ t > \frac{1}{2}}} h(t) = \lim_{\substack{t \to \frac{1}{2} \\ t > \frac{1}{2}}} g(2t-1) = g(0) = b = f(1) = h(\frac{1}{2}$

Enfin, h est un chemin de a vers c :
$h(0) = f(0) = a$ et $h(1) = g(1) = c$ □

On notera $\widehat{a}$ la classe d'équivalence de a.
N.B. Dire que E est connexe par arcs signifie : pour tout a, $\widehat{a} =$ E ou : il existe a tel que $\widehat{a} =$ E

Exemple 2.3. *Toute partie convexe de $\mathbb{R}$ (en particulier $\mathbb{R}$) est connexe par arcs.*
En effet, soit A une partie convexe (i.e., un intervalle au sens large),

si $a,\ b \in \mathrm{A}$, on définit $f : [0,\ 1] \longrightarrow \mathrm{A}$ par $f(t) = a(1-t) + bt$, f est continu et $f(0) = a$, $f(1) = b$.

Exemple 2.4. *Tout arc d'un espace quelconque est connexe par arcs. En effet, soit $\mathrm{A} = f([0,\ 1])$ où f est un chemin, soient $a,\ b \in \mathrm{A}$: il existe $\alpha,\ \beta \in [0,\ 1]$ tels que $f(\alpha) = a$ et $f(\beta) = b$. Soit g définie par $g(t) = f\left((\beta - \alpha)t + \alpha\right)$, g est un chemin dans A et $g(0) = a$, $g(1) = b$.*

Théorème 2.15. *Tout espace connexe par arcs est connexe*

Démonstration. Soit E un espace connexe par arcs. Soit $a \in \mathrm{E}$, si $b \in \widehat{a}$, il existe un arc de a vers b. Or un arc est connexe, donc $b \in c(\mathrm{A})$. Ainsi, $\widehat{a} \subset c(a)$, or $\widehat{a} = \mathrm{E}$, donc $\mathrm{E} = c(a)$ est connexe. □

N.B. La réciproque est inexacte. Toutefois, dans $\mathbb{R}$ les notions de connexe, connexe par arcs, convexe sont équivalentes. Mais ceci est inexacte dans $\mathbb{R}^n$ pour $n \geq 2$.

On verra une réciproque partielle dans les espaces normés.

2.4.1 Propriétés de la connexité par arcs

Théorème 2.16. *Si $(\mathrm{A}_i)_{i\in \mathrm{I}}$ est une famille de parties connexes par arcs d'un espace quelconque E telle que $\bigcap\limits_{\mathrm{I}} \mathrm{A}_i \neq \Phi$, alors $\bigcup\limits_{\mathrm{I}} \mathrm{A}_i$ est connexe par arcs.*

Démonstration. Soit $a \in \bigcap\limits_{\mathrm{I}} \mathrm{A}_i$, à fortiori $a \in \bigcup\limits_{\mathrm{I}} \mathrm{A}_i$. Soit $b \in \mathrm{A}$: il existe $k \in \mathrm{I}$ tel que $b \in \mathrm{A}_k$, on a aussi $a \in \mathrm{A}_k$, donc il existe un arc C de a vers b dans A_k, C est aussi un arc dans A, donc $\widehat{a} = \mathrm{A}$. □

Théorème 2.17. *Soient deux espaces E, E' et une application $f : \mathrm{E} \longrightarrow \mathrm{E}'$. Si A est une partie connexe par arcs de E et si f est continue sur A, alors f(A) est connexe par arcs.*

Démonstration. Soit $a', b' \in f(\mathrm{A})$. Il existe $a, b \in \mathrm{A}$ tels que $a' = f(a), b' = f(b)$. A étant connexe par arcs, il existe $g : [0,\ 1] \longrightarrow \mathrm{A}$ continue avec $g(0) = a$, $g(1) = b$. Soit h définie par $h(t) = f(g(t))$: h est un chemin de a' vers b'. □

Théorème 2.18. *Soient deux espaces* E_1, E_2 *et l'espace produit* $E = E_1 \times E_2$. *Il y a équivalence entre :*

1. E *est connexe par arcs*
2. E_1 *et* E_2 *sont connexes par arcs.*

Démonstration.
1)→ 2) car pr_1 et pr_2 sont continues sur E.
2)→ 1) Soient $a = (a_1, a_2)$, $b = (b_1, b_2)$ deux points de E. Dans E_1 (resp. E_2) il existe un chemin f_1 de a_1 vers b_1 (resp. f_2 de a_2 vers b_2), alors f définie par $f(t) = (f_1(t), f_2(t))$ est un chemin de a vers b. □

Corollaire 2.3. – *Les espaces* $\mathbb{R}^n$ *sont connexes par arcs.*
– *Tout pavé de* $\mathbb{R}^n$ *est connexes par arcs.*

2.4.2 Cas des espaces vectoriels normés (sur $\mathbb{R}$)

Soit E un espace vectoriel normé sur $\mathbb{R}$.

Théorème 2.19.
Toute partie convexe est connexe par arcs (et par suite connexe).

Démonstration.
Soient A convexe et $a,\ b \in A$, soit $f : [0,\ 1] \longrightarrow A$ définie par $f(t) = (1-t)a + tb$, f est un chemin de a vers b dans A. □

Corollaire 2.4.
Tout segment et toutes les boules sont connexes (par arcs).

Théorème 2.20. *Si A est un ouvert non vide de E, il y a équivalence entre :*

1. *A est connexe par arcs*
2. *A est connexe (i.e. un domaine).*

proof1) → 2) est connu
2) → 1) Soit $a \in A$ et soit $\widehat{a}$ sa classe dans A : $\widehat{a} = \{b \in A$ il existe dans A un arc de a vers $b\}$.
$\widehat{a}$ est ouvert. En effet : soit $b \in \widehat{a}$, A est voisinage de b donc il existe $r > 0$ tel que $A \supset B(b,\ 1[$, $B(b,\ 1[$ est connexe par arcs, donc $B(b,\ 1[\subset \widehat{a} \subset A$, donc $\widehat{a}$ est voisinage de b, $\widehat{a}$ est ouvert sur A.

$\widehat{a}$ est fermé sur A, en effet : $\complement\widehat{a}_{\mathrm{A}} = \bigcup\limits_{b \notin \widehat{a}} \widehat{b}$ qui est un ouvert.
Ainsi, $\widehat{a}$ est un of de A, donc $c(a) \subset \widehat{a}$ ($c(a)$: composante connexe dans A), or $c(a) = \mathrm{A}$ donc $\widehat{a} = \mathrm{A}$, donc A est connexe par arcs.

Remarque 2.3. *1. Ce résultat n'est pas valable lorsque A n'est pas ouvert.*

2. On a vu que tout convexe est connexe (par arcs), mais la réciproque est fausse (sauf dans $\mathbb{R}$), par exemple dans $\mathbb{R}^2$ la réunion de deux boules sécantes est connexe (par arcs), mais en général non convexe.

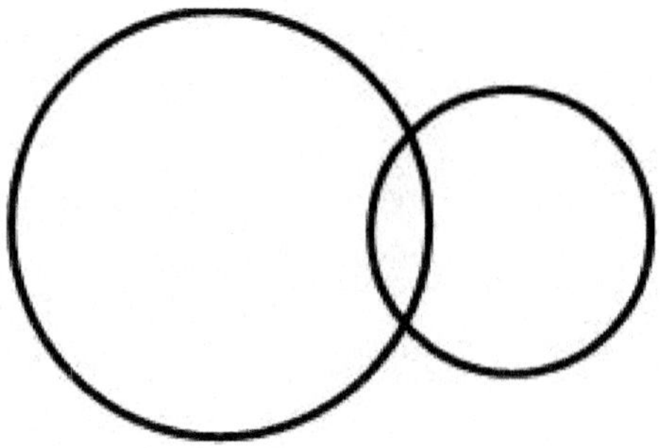

Dans un espace vectoriel normé, la connexité par arcs peut être simplifiée sous la forme suivante :

Connexité par lignes polygonales

Etant donnés deux points a et b dans E, on appelle ligne polygonale de a vers b tout arc de a vers b qui est une réunion finie de segments consécutifs : $\bigcup\limits_{1}^{n} \overline{x_i x_{i+1}}$ avec $x_1 = a,\ x_{n+1} = b$.

Une partie A de E est dite connexe par lignes polygonales si quels

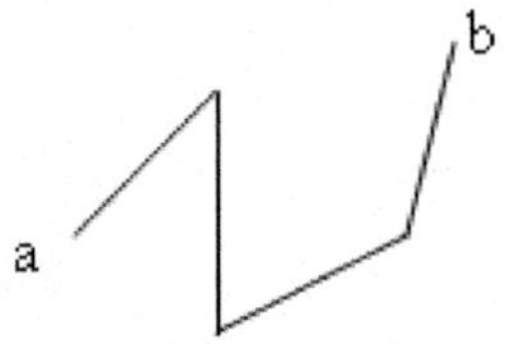

que soient a et b dans A, il existe une ligne polygonale dans A de a

vers b.
Il est évident que tout convexe est connexe par lignes polygonales, c'est le cas en particulier de toute boule.
La relation dans A : " Il existe une ligne polygonale de a vers b" est une équivalence (vérification simple).
En reprenant exactement la démonstration du théorème précédent, on obtient alors :

Théorème 2.21. *Si A est un ouvert non vide, il y a équivalence entre :*

1. A *est connexe par lignes polygonales*
2. A *est connexe*
3. A *est connexe par arcs*

2.5 Compacité (étude topologique)

Dans ce qui suit, (E, d) est un espace métrique mais nous n'utiliserons que des notions topologiques.

Définition 2.7 (Espace compact). E *est dit compact s'il vérifie l'axiome suivant (axiome de Borel-Lebesgue) :*

(C) De tout recouvrement ouvert de E, on peut extraire un sous recouvrement fini ; c'est à dire, si $(\mathrm{O}_i)_\mathrm{I}$ *est une famille d'ouverts de* E *telle que* $\mathrm{E} = \bigcup_\mathrm{I} \mathrm{O}_i$*, alors il existe un nombre fini d'indices* $i_1, \ldots, i_n$ *tels que* $\mathrm{E} = \mathrm{O}_{i_1} \bigcup \ldots \bigcup \mathrm{O}_{i_n}$.

Axiome équivalent
Par passage aux complémentaires ;

C'/ Toute famille de fermés dont l'intersection est vide contient une sous famille finie dont l'intersection est vide.

Exemple 2.5.

1. *Tout espace fini est compact*
2. *Un espace discret est compact si et seulement si il est fini. En effet, si* E *est discret et compact, on peut écrire :* $\mathrm{E} = \bigcup_{x \in \mathrm{E}} \{x\}$, *et tous les singletons* $\{x\}$ *sont ouverts.*

Définition 2.8 (Partie compacte). *Soit* A *une partie non vide de* E, E *étant quelconque. On dit que* A *est une partie compacte si* A *est un espace compact pour la topologie induite.*

Cela se traduit par :
Si $A = \bigcup_I (O_i \bigcap A)$, où les O_i sont des ouverts de E, alors il existe un nombre fini d'indices i_k tels que $A = \bigcup_{k=1}^{n} (O_{i_k} \bigcap A)$. D'une façon plus simple, il est équivalent de dire :

$$\text{si } A \subset \bigcup_I O_i, \text{ alors } A \subset \bigcup_1^n O_{i_k}$$

N.B. Toute partie finie est compacte. On conviendra que Φ est compacte.

Théorème 2.22. *Dans un espace compact, toute partie fermée est compacte.*

Démonstration.
Soit $(F_i)_I$ une famille de fermés sur A telle que $\bigcap_I F_i = \Phi$, c'est aussi une famille de fermés de E, donc on peut en extraire une sous famille finie dont l'intersection est vide. □

Théorème 2.23. *Dans un espace quelconque, toute partie compacte est fermée.*

Démonstration.
Supposons A compacte (non vide), soit $x \in \complement A$: Pour chaque $y \in A$: $y \neq x$, donc il existe $V_y \in \mathcal{V}(x)$ et $W_y \in \mathcal{V}(y)$ tels que $V_y \bigcap W_y = \Phi$; on en déduit $y \notin \overline{V_y}$, d'où :
$A \subset \bigcup_{y \in A} \complement \overline{V_y}$: recouvrement ouvert
donc : $A \subset \complement^{\overline{V_{y1}}} \bigcup \ldots \bigcup \complement^{\overline{V_{yn}}}$, soit $\overline{V_{y1}} \bigcap \ldots \bigcap \overline{V_{y_n}} \subset \complement^A$. or $\overline{V_{y1}} \bigcap \ldots \bigcap \overline{V_{y_n}} \in \mathcal{V}(x)$, donc $\complement^A \in \mathcal{V}(x)$. □

Théorème 2.24. *Dans un espace quelconque :*

1. *Toute intersection de parties compactes est compacte.*
2. *Toute réunion finie de parties compactes est compacte.*

Démonstration.
1) Soit $A = \bigcap_I A_i$ où chaque A_i est compacte, donc chaque A_i est fermée. Pour un indice i fixé, $A \subset A_i$, donc A est fermé sur A_i, donc A est compacte.
2) On raisonne sur deux parties compactes A et B.
Supposons $A \bigcup B \subset \bigcup_I O_i$, O_i ouverts.
A fortiori, $A \subset \bigcup_I O_i$, donc $A \subset O_{i_1} \bigcup \ldots \bigcup O_{i_n}$
A fortiori, $B \subset \bigcup_I O_i$, donc $B \subset O_{j_1} \bigcup \ldots \bigcup O_{j_p}$
D'où $A \bigcup B \subset O_{i_1} \bigcup \ldots \bigcup O_{i_n} \bigcup O_{j_1} \bigcup \ldots \bigcup O_{j_p}$ □

2.5.1 Image d'un compact par une fonction continue

Soient E, E′ deux espaces mériques quelconques, f une aplication de E dans E′, A une partie (non vide) de E.

Théorème 2.25. *Théorème de Weierstrass*
Si A *est compacte et* f *continue sur* A, *alors* $f(A)$ *est compacte.*

Démonstration. Supposons que $f(A) \subset \bigcup_I \Omega_i$, Ω_i ouverts de E′.
f étant continue sur A, pour chaque i, $A \bigcap f^{-1}(\Omega_i)$ est un ouvert sur A.
On a :

$$A = \bigcup_I \left(A \bigcap f^{-1}(\Omega_i) \right)$$

A étant compacte, on peut en extraire un sous recouvrement fini :

$$A = \bigcup_1^n \left(A \bigcap f^{-1}(\Omega_{i_k}) \right)$$

D'où $f(A) \subset \bigcup_1^n \Omega_{i_k}$ □

Corollaire 2.5. *Si* E *est compact et si f est bijective et continue sur* E, *alors f est un homéomorphisme.*

Démonstration. Il suffit de montrer que f^{-1} est continue. Soit A un fermé de E, E étant compact, A est aussi compact ; donc $f(A)$ est compact, donc $f(A)$ est un fermé de E′ □

2.5.2 Produit d'espaces compacts

Soient deux espaces métriques (E_1, d_1), (E_2, d_2) et l'espace produit $E = E_1 \times E_2$.

Théorème 2.26. *Il y a équivalence entre :*

1. E *est compact*
2. E_1 *et* E_2 *sont compacts*

Démonstration. Pour l'instant, nous ne démontrons que 1)→ 2) :
Si E est compact, $E_1 = pr_1(E)$ et $E_2 = pr_2(E)$ sont compacts d'après le théorème de Weierstrass. □

Nous admettons la réciproque, qui sera démontrer sous une forme plus générale par des procédés topologiques plus puissants dans le chapitre suivant.
N.B. Ce théorème est évidemment valable pour un nombre fini quelconque d'espaces métriques.

2.5.3 Partie relativement compacte

Dans un espace quelconque E, une partie A est dite relativement compacte si $\overline{A}$ est compacte.

Propriété 2.2. 1. *Si* A *est compacte, alors* A *est relativement compacte (car* A *est fermé).*

2. *Si* A *est fermé et relativement compacte, alors* A *est compacte.*
3. *pour que* A *soit relativement compacte, il faut et il suffit que* A *soit contenue dans un compact :*
   – *Si* A *est relativement compacte :* $A \subset \overline{A}$

- *Si* $A \subset B$ *avec* B *compact, alors* $\overline{A} \subset B$ *et* $\overline{A}$ *est fermé, donc compact.*

4. *Si* A *est relativement compacte et si* $B \subset A$, *alors* B *est relativement compacte.*
5. *Toute intersection de parties relativements compactes est relativement compacte.*
6. *Toute réunion finie de parties relativement compactes est relativement compacte.*

2.5.4 Espace localement compact

Un espace E est dit localement compact si tout point x de E possède au moins un voisinage compact.
N.B. Un espace compact est evidement localement compact. On verra que la réciproque est inexacte.

Théorème 2.27. *Si* E *est localement compact, alors pour tout* $x \in E$ *et tout* $V \in \mathcal{V}(x)$, *il existe un voisinage compact* W *de* x *tel que* $V \supset W$.

Démonstration. Soient $x \in E$ et $V \in \mathcal{V}(x)$, x possède un voisinage compact U. Par ailleurs, il existe un voisinage fermé U′ de x tel que $V \supset U'$. Soit alors $W = U' \bigcap U$, on a $W \in \mathcal{V}(x)$, $W \subset V$, W est compact car il est fermé sur U. □

Théorème 2.28. *Si* E *est localement compact, toute partie ouverte non vide (resp. fermée non vide) est un sous espace localement compact.*

Démonstration.

- Soit O un ouvert : si $x \in O$, $O \in \mathcal{V}(x)$ donc $O \supset V$ où V est un voisinage compact de x, alors $V = V \bigcap O \in \mathcal{V}_O(x)$.
- Soit F un fermé : si $x \in F$, soit U un voisinage compact de x dans E, $U \bigcap F \in \mathcal{V}_F(x)$ et $U \bigcap F$ est compact (car fermé sur U)

□

N.B. Il en résulte que $\mathrm{O} \bigcap \mathrm{F}$ (s'il n'est pas vide) est aussi localement compact car il est fermé sur O (ou ouvert sur F).

2.6 Compacité (étude métrique)

Soit (E, d) un espace métrique.

Théorème 2.29. *Toute partie compacte* A *de* E *est bornée et fermée.*

Démonstration. Si A est compacte, on sait que A est fermée. On peur écrire : $\mathrm{A} \subset \bigcup_{x \in \mathrm{A}} \mathrm{B}(x, 1[$, d'où l'on peut extraire un recouvrement fini, par suite A est bornée. □

Corollaire 2.6. *Toute partie relativement compacte est bornée*

Démonstration. une partie relativement compacte est contenue dans un compact □

Théorème 2.30. *Si* A *est une partie compacte, toute suite de* A *possède au moins une valeur limite dans* A

Démonstration. Soit (x_n) une suite de A, pour chaque n posons $\sigma_n = \{x_p\}_{p \geq n}$. On a $\sigma_{n+1} \subset \sigma_n$. Pour tout n, $\sigma_n \subset \mathrm{A}$, donc $\overline{\sigma_n} \subset \mathrm{A}$ (A est fermé).
Supposons : $\bigcap_n \overline{\sigma_n} = \Phi$, comme A est compacte, on peut en extraire une sous famille finie telle que : $\overline{\sigma_{n_1}} \bigcap \ldots \bigcap \overline{\sigma_{n_q}} = \Phi$, *à fortiori* $\sigma_{n_1} \bigcap \ldots \bigcap \sigma_{n_q} = \Phi$.
Si $m = max(n_1, \ldots, n_q)$: $\sigma_{n_1} \bigcap \ldots \bigcap \sigma_{n_q} = \sigma_m = \Phi$, ce qui est contradictoire. Donc $\bigcap_n \overline{\sigma_n} \neq \Phi$,
soit alors $x \in \bigcap_n \overline{\sigma_n} (x \in \mathrm{A})$.
Il existe $x_{n_1} \in \mathrm{B}(x,\ 1[\bigcap \sigma_1$
Ilexiste $x_{n_2} \in \mathrm{B}(x,\ \frac{1}{2}[\bigcap \sigma_{n_1+1}$ (donc $n_2 > n_1$)
...
Il existe $x_{n_p} \in \mathrm{B}(x,\ \frac{1}{p}[\bigcap \sigma_{n_{p-1}+1}$
...
Alors (x_{n_p}) est une suite extraite qui converge vers $x \in \mathrm{A}$. □

Théorème 2.31. *Si* E *est compact et si* (x_n) *est une suite de* E, *les deux propositions suivantes sont équivalentes :*

1. (x_n) *est convergente*
2. (x_n) *a une valeur limite et une seule*

Démonstration.
1)→ 2) : C'est un résultat général déjà démontré.
2)→ 1) : Supposons que (x_n) possède une valeur limite et une seule x, et supposons que (x_n) ne converge pas vers x : il existe $\mathrm{B}(x,\,\varepsilon[$ telle que pour tout N; il existe $n \geq \mathrm{N}$ avec $x_n \notin \mathrm{B}(x,\,\varepsilon[$
Pour $\mathrm{N} = 1$: il existe $x_{n_1} \notin \mathrm{B}(x,\,\varepsilon[$
our $\mathrm{N} = n_1 + 1$: il existe $x_{n_2} \notin \mathrm{B}(x,\,\varepsilon[$ et $n_2 > n_1$
...
on construit ainsi une suite qui appartient à $\complement^{\mathrm{B}(x,\,\varepsilon[}$: (x_{n_k}). $\complement^{\mathrm{B}(x,\,\varepsilon[}$ est fermé, donc compact, donc (x_{n_k}) a au moins une valeur limite x' dans $\complement^{\mathrm{B}(x,\,\varepsilon[}$, mais x' est aussi valeur limite de (x_n), donc $x = x'$, donc $x \in \complement_{\mathrm{E}}^{\mathrm{B}(x,\,\varepsilon[}$, ce qui est contradictoire. □

Théorème 2.32. *Tout espace compact est complet*

Démonstration. Soit (x_n) une suite de cauchy, elle a au moins une valeur limite dans E, donc elle converge. □

2.6.1 Espaces précompacts

(E, d) est dit précompact s'il vérifie l'axiome :

(PC) Pour tout $\varepsilon > 0$, il existe un recouvrement fini : $\mathrm{E} = \bigcup_1^n \mathrm{A}_i$ avec $\mathrm{D}(\mathrm{A}_i) \leq \varepsilon$ pour tout i. ($\mathrm{D}(\mathrm{A}_i)$: diamètre de A_i).
<u>Axiome équivalent</u>
(PC') Pour tout $\varepsilon > 0$, il existe un nombre fini de points de E, $x_1, \ldots, x_n$ telle que
$\mathrm{E} = \bigcup_1^n \mathrm{B}(x_i,\,\varepsilon]$.
En effet :
PC → PC' : en choisissant un point x_i dans chaque A_i, on a alors

$A_i \subset B(x_i, D(A_i)] \subset B(x_i, \varepsilon]$

PC' $\to$ PC : trivialement (on remplace ε par $\frac{\varepsilon}{2}$)

Théorème 2.33. *les trois assertions suivantes sont équivalentes :*

1) *E est un espace compact.*

2) *Toute suite dans E a au moins une valeur limite*

3) *E est un espace précompact et complet.*

Démonstration.
1)$\to$ 2) : déjà démontré.
2)$\to$ 3) :

- Toute suite de Cauchy a au moins une valeur limite, donc est convergente, donc E est complet.
- Supposons E non précompact, alors il existe $\varepsilon > 0$ tel que E ne soit pas recouvrable par un nombre fini de parties de diamètres $\leq \varepsilon$

Soit $x_1 \in E$: $E \neq B(x_1, \frac{\varepsilon}{2}]$, donc il existe x_2 tel que $d(x_1, x_2 > \frac{\varepsilon}{2}$.
$E \neq B(x_1, \frac{\varepsilon}{2}] \bigcup B(x_2, \frac{\varepsilon}{2}]$, donc il existe x_3 tel que $d(x_1, x_3 > \frac{\varepsilon}{2}$ et etc.
On construit ainsi une suite (x_n) telle que :
$d(x_1, x_n) > \frac{\varepsilon}{2}$ et $d(x_2, x_n) > \frac{\varepsilon}{2}$ et ... $d(x_{n-1}, x_n) > \frac{\varepsilon}{2}$. c'est à dire : $d(x_p, x_n) > \frac{\varepsilon}{2}$ quels que soient n et p avec $n \neq p$.
Par hypothèse, (x_n) a une valeur limite : il existe une suite extraite (x_{n_k}) qui converge vers x.
A fortiori, (x_{n_k}) est une suite de cauchy, ce qui est contradictoire car $d(x_{n_{k'}}, x_{n_{k''}}) > \frac{\varepsilon}{2}$ si $k' \neq k''$. Donc E est précompact.
3) $\to$ 1) On raisonne par l'absurde, supposons E non compact : il existe un recouvrement de E par des ouverts, $E = \bigcup_{i \in I} O_i$ tel qu'on ne peut en extraire aucun sous recouvrement fini.
E est précompact, donc $E = \bigcup_{j=1}^{p_1} B_j^1$ avec $D(B_j^1) \leq \frac{1}{2}$.
Il existe certainement un indice j_1 tel que $B_{j_1}^1$ ne soit pas recouvrable par un nombre fini de O_i.
$E = \bigcup_{j=1}^{p_2} B_j^2$ avec $D(B_j^1) \leq \frac{1}{2^2} = \frac{1}{4}$. $B_{j_1}^1 = B_{j_1}^1 \bigcap E = \bigcup_{j=1}^{p_2} \left(B_{j_1}^1 \bigcap B_j^2\right)$.

Donc il existe certainement un indice j_2 tel que $B^1_{j_1} \bigcap B^2_{j_2} \neq \Phi$ et tel que $B^2_{j_2}$ ne soit pas recouvrable par un nombre fini de O_i.
etc.
On construit ainsi une suite de parties $B^n_{j_n}$ telles que $D(B^n_{j_n}) \leq \frac{1}{2^n}$ et $B^n_{j_n} \bigcap B^{n+1}_{j_{n+1}} \neq \Phi$, et $B^n_{j_n}$ non recouvrable par un nombre fini de O_i.
Pour chaque n, fixons $x_n \in B^n_{j_n}$. Soit $a \in B^n_{j_n} \bigcap B^{n+1}_{j_{n+1}}$, on a :

$$\begin{aligned} d(x_n, x_{n+1} &\leq d(x_n, a) + d(a, x_{n+1}) \\ &\leq D(B^n_{j_n}) + D(B^{n+1}_{j_{n+1}}) \leq \tfrac{1}{2^n} + \tfrac{1}{2^{n+1}} \leq \tfrac{3}{2^{n+1}} \end{aligned}$$

Si $p > n$, soit $p = n + q$:

$$\begin{aligned} d(x_n, x_p) &\leq d(x_n, x_{n+1}) + d(x_{n+1}, x_{n+2}) + \ldots + d(x_{n+q-1}, x_{n+q}) \\ &\leq 3\left(\frac{1}{2^{n+1}} + \frac{1}{2^{n+2}} + \ldots \frac{1}{2^{n+q}}\right) \\ &\leq \frac{3}{2^n}\left(1 - \frac{1}{2^q}\right) < \frac{3}{2^n} < \frac{1}{2^{n-2}} \end{aligned}$$

Il en resulte que (x_n) est une suite de cauchy, E étant complet, (x_n) converge vers un point x.
Il existe $k \in I$ tel que $x \in O_k$, O_k est un voisinage de x, donc il existe $r > 0$ tel que $B(x, r] \subset O_k$.
Il existe N tel que si $n \geq N$: $d(x_n, x) \leq \frac{r}{2}$ et $\frac{1}{2^n} < \frac{r}{2}$, alors si $y \in B^n_{j_n}$:
$d(x, y) \leq d(x, x_n) + d(x_n, y) \leq r$.
Donc $B^n_{j_n} \subset B(x, r] \subset O_k$, ce qui est contradictoire. □

2.6.1.1 Parties Précompactes

Une partie non vide A d'un espace métrique est dite précompacte si le sous espace A est précompact (pour la métrique induite). Celà signifie donc :
Pour tout $\varepsilon > 0$, il existe un recouvrement fini : $A \subset \bigcup_1^n A_i$ avec $D(A_i) \leq \varepsilon$ pour tout i.
ou ce qui est équivalent à :
Pour tout $\varepsilon > 0$, il existe un nombre fini de points de A, $x_1, \ldots, x_n$ tels que $A \subset \bigcup_1^n B(x_i, \varepsilon]$.

Remarque 2.4. *1. Toute partie précompacte est bornée.*

2. *Si* A *est précompacte, alors* $\overline{\mathrm{A}}$ *est aussi précompacte, car* $\mathrm{A} \subset \bigcup_{1}^{n} \mathrm{B}(x_i, \varepsilon]$ *implique* $\overline{\mathrm{A}} \subset \bigcup_{1}^{n} \mathrm{B}(x_i, \varepsilon]$

Théorème 2.34. **a)** *Dans un espace quelconque : A relativement compact* $\vdash$ *A précompact.*

b) *Dans un espace complet : A relativement compact* $\vdash\dashv$ *A précompact.*

Démonstration.
a) Si A est relativement compact, $\overline{\mathrm{A}}$ est compact donc précompact, à fortiori, A est précompact.
b) Si A est précompact, $\overline{\mathrm{A}}$ est aussi précompact, en outre $\overline{\mathrm{A}}$ est fermé dans E complet, donc $\overline{\mathrm{A}}$ est complet, donc $\overline{\mathrm{A}}$ est compact. □

2.6.2 Compacité et continuité uniforme

Soient : (E, d), (E$'$, d') deux espaces métriques, f une apllication de E dans E$'$, A une partie non vide de E.

Théorème 2.35. ***Théorème de Heine***
Si A est compact et si f est continue sur A, alors f est uniformement continue sur A.

Démonstration.
f est continue sur A : pour tout $x \in \mathrm{A}$ et pour tout $\varepsilon > 0$, il existe $\eta(\varepsilon, x) > 0$ tel que si $y \in \mathrm{A}$ et $d(x, y) \leq \eta(\varepsilon, x)$alors $d'(f(x), f(y)) \leq \varepsilon$. Pour $\varepsilon > 0$ fixé, on peut écrire : $\mathrm{A} \subset \bigcup_{x \in \mathrm{A}} \mathrm{B}\left(x, \frac{1}{2}\eta(\frac{\varepsilon}{2}, x)\right[$
A étant compact, on peut en extraire un sous recouvrement fini :

$$\mathrm{A} \subset \bigcup_{i=1}^{n} \mathrm{B}\left(x_i, \frac{1}{2}\eta(\frac{\varepsilon}{2}, x_i)\right[, \qquad x_i \in \mathrm{A}$$

Posons $\eta(\varepsilon) = \underset{1 \leq i \leq n}{Min}\left(\frac{1}{2}\eta(\frac{\varepsilon}{2}, x_i)\right)$. Soit alors $x', x" \in \mathrm{A}$ avec $d(x', x") \leq \eta(\varepsilon)$:
il existe k, $1 \leq k \leq n$, tel que $x" \in \mathrm{B}\left(x_k, \frac{1}{2}\eta(\frac{\varepsilon}{2}, x_k)\right[$,
donc $d(x_k, x") < \frac{1}{2}\eta(\frac{\varepsilon}{2}, x_k)$, d'où $d'(f(x_k), f(xk")) \leq \frac{\varepsilon}{2}$.

par ailleurs,
$d(x_k, x') \leq d(x_k, x") + d(x", x') \leq \frac{1}{2}\eta(\frac{\varepsilon}{2}, x_k) + \eta(\varepsilon) \leq \eta(\frac{\varepsilon}{2}, x_k)$,
donc $d'(f(x'), f(x_k)) \leq \frac{\varepsilon}{2}$
D'où $d'(f(x'), f(x")) \leq d'(f(x'), f(x_k)) + d'(f(x_k), f(x")) \leq \varepsilon$.
Donc f est uniformement continue sur A. □

2.7 Compacité (espaces $\mathbb{R}^n$)

2.7.1 Partie compacte de $\mathbb{R}$

Nous considérons $\mathbb{R}$ muni de la distance euclidienne.

Théorème 2.36. ***Théorème de Borel-Lebesgue***
Pour qu'une partie A de $\mathbb{R}$ soit compacte, il faut et il suffit qu'elle soit fermée et bornée.

Démonstration.
1) Si A est compacte, nous savons que A est fermée et bornée.
Supposons A fermée et bornée, A est bornée donc contenue dans un intervalle fermé $[a, b]$. Montrons que $[a, b]$ est précompact :
Soit $\varepsilon > 0$, il existe un entier n tel que :
$a + n\varepsilon \leq b < a + (n+1)\varepsilon$
Posons $x_0 = a, x_1 = a + \varepsilon, \ldots, x_n = a + n\varepsilon$

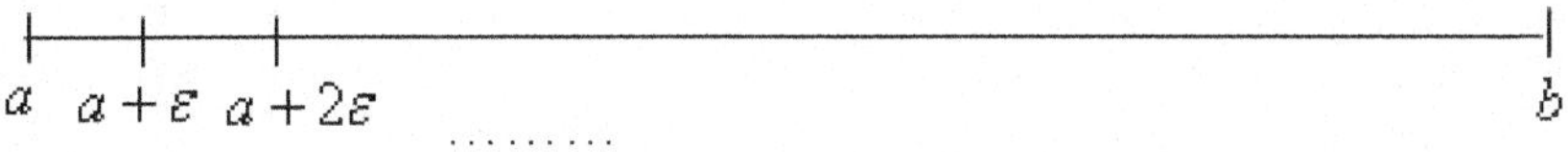

$$\text{Alors } [a, b] \subset \bigcup_{i=0}^{n} [x_i, x_{i+1}] \text{ et } D([x_i, x_{i+1}]) \leq \varepsilon$$

Ainsi $[a, b]$ est précompact dans $\mathbb{R}$ qui est complet, donc $[a, b]$ est relativement compact, or il est fermé, donc $[a, b]$ est compact. A est fermé sur $[a, b]$, donc A est compacte. □

Conséquences 2.2. *1. $\mathbb{R}$ n'est pas compact*

2. $\mathbb{R}$ est localement compact

3. *Une partie de* $\mathbb{R}$ *est relativement compacte si et seulement si elle est bornée*
4. $\overline{\mathbb{R}}$ *est compact, car il est homéomorphe à* $[-1, 1]$ *euclidien.*

Théorème 2.37.
Soit f *une application d'un espace métrique* E *dans* $\mathbb{R}$ *(euclidien) et* A *une partie compacte de* E. *Si* f *est continue sur* A, *alors* f *est bornée sur* A *et atteint ses bornes.*

Démonstration.
f étant continue sur A, $f(\mathrm{A})$ est un compact de $\mathbb{R}$, donc $f(\mathrm{A})$ est fermé et donc $f(\mathrm{A})$ est bornée sur A. Soit
$\mathrm{S} = \sup_{x \in \mathrm{A}} f(x)$: pour tout $\varepsilon > 0$, il existe $x \in \mathrm{A}$ tel que $\mathrm{S}-\varepsilon < f(x) \leq \mathrm{S}$, à fortiori,
$[\mathrm{S} - \varepsilon, \mathrm{S} + \varepsilon] \bigcap f(\mathrm{A}) \neq \Phi$
Donc $\mathrm{S} \in \overline{f(\mathrm{A})}$, et comme $f(\mathrm{A})$ est fermé : $\mathrm{S} \in f(\mathrm{A})$, c'est à dire qu'il existe $\xi \in \mathrm{A}$ tel que $\mathrm{S} = f(\xi)$.
Démonstration analogue pour $\inf_{x \in \mathrm{A}} f(x)$. □

2.7.2 Parties compactes de $\mathbb{R}^n$

Nous considérons ici $\mathbb{R}^n$ muni du produit des distances euclidiennes, mais les résultats sont valables pour $\mathbb{R}^n$ euclidien (car les distances sont équivalentes, donc les notions topologiques et la notion de borné sont conservées).

Théorème 2.38. *Pour qu'une partie* A *de* $\mathbb{R}^n$ *soit compacte, il faut et il suffit qu'elle soit fermée et bornée.*

Démonstration.

- Si A est compacte, on sait qu'elle est fermée et bornée.
- Si A est fermée et bornée :
  A est bornée, donc contenue dans une boule fermée (pour la distance produit), c'est à dire un pavé fermé : $\mathrm{A} \subset \prod_{1}^{n} [a_i, b_i]$.
  Chaque $[a_i, b_i]$ est un compact dans $\mathbb{R}$, donc leur produit aussi, et puisque A est fermée, il en resulte que A est compacte.

□

Conséquences 2.3.

1. *Ceci est valable en particulier pour* $\mathbb{C}$ *(i.e.,* $\mathbb{R}^2$*) et pour* $\mathbb{C}^n$.
2. *Les espaces* $\mathbb{R}^n$ *ne sont pas compacts, mais sont localement compacts.*
3. *Les parties relativement compacts de* $\mathbb{R}^n$ *sont exactement les parties bornées.*

2.7.3 Compacité et convexité

Nous nous plaçons ici dans un espace $\mathbb{R}^n$ muni de la norme euclidienne.

Théorème 2.39. *Si* A *est une partie compacte et convexe de* $\mathbb{R}^n$, *il existe un point* $x_0 \in \mathrm{A}$ *et un seul de norme minimum.*

Démonstration.
1)Existence : La fonction $x \mapsto \|x\| = d(x, 0)$ est continue sur A compacte, donc elle atteint ses bornes, donc il existe $x_0 \in \mathrm{A}$ tel que $\|x_0\| = \inf_{x \in \mathrm{A}} \|x\| = d(0, \mathrm{A})$
2) unicité : posons $\delta = d(0, \mathrm{A})$ et supposons que x, y sont deux points de A tels que $\|x\| = \|y\| = \delta$. On pose $x = (x_1, \ldots, x_n)$, $y = (y_1, \ldots, y_n)$. On peut écrire :

$$\begin{aligned}
\|\tfrac{1}{2}(x+y)\|^2 + \|\tfrac{1}{2}(x-y)\|^2 &= \sum_1^n \left(\tfrac{x_i}{2} + \tfrac{y_i}{2}\right)^2 + \sum_1^n \left(\tfrac{x_i}{2} - \tfrac{y_i}{2}\right)^2 \\
&= \tfrac{1}{2}\sum_1^n x_i^2 + \tfrac{1}{2}\sum_1^n y_i^2 \\
&= \delta^2
\end{aligned}$$

D'où $\|\frac{1}{2}(x-y)\|^2 = \delta^2 - \|\frac{1}{2}(x+y)\|^2$. Or A est convexe, donc $\frac{1}{2}(x+y) \in \mathrm{A}$, donc $\|\frac{1}{2}(x+y)\| \geq \delta$, d'où $\|\frac{1}{2}(x-y)\|^2 \leq 0$, donc $x = y$ □

Théorème 2.40. *L'enveloppe convexe* $\mathcal{K}(\mathrm{A})$ *d'une partie compacte est compacte*

Démonstration.
Nous allons montrer que toute suite de $\mathcal{K}(\mathrm{A})$ a une valeur limite dans

$\mathcal{K}(\mathrm{A})$.
Soit (y_p) une suite dans $\mathcal{K}(\mathrm{A})$, d'après le théorème de Carathéodory, chaque y_p peut s'écrire :

$$y_p = \sum_{i=1}^{n+1} \lambda_i^{(p)x_i^{(p)}} \quad \text{avec } x_i^p \in \mathrm{A},\ \lambda_i \geq 0,\ \sum_{i=1}^{n+1} \lambda_i^{(p)} = 1$$

Posons :
$u_p = (\lambda_1^p, \lambda_2^p, \ldots, \lambda_{n+1}^p, x_1^p, x_2^p, \ldots, x_{n+1}^p) \in [0,\ 1]^{n+1} \times \mathrm{A}^{n+1} \subset \mathbb{R}^{(n+1)^2}$
(u_p) est une suite dans le compact $[0,\ 1]^{n+1} \times \mathrm{A}^{n+1}$, donc on peut en extraire une suite (u_{p_k}) qui converge vers un point

$$u = (\lambda_1, \lambda_2, \ldots, \lambda_{n+1}, x_1, \ldots, x_{n+1}) \in [0,\ 1]^{n+1} \times \mathrm{A}^{n+1}$$

En utilisant la continuité des fonctions : projections, somme, produit par un scalaire, il en resulte :
(y_{p_k}) converge vers $\sum\limits_{i=1}^{n+1} \lambda_i x_i$, avec $x_i \in \mathrm{A},\ \lambda_i \geq 0,\ \sum\limits_{i=1}^{n+1} \lambda_i = 1$. Donc (y_{p_k}) converge dans $\mathcal{K}(\mathrm{A})$. Donc $\mathcal{K}(\mathrm{A})$ est compact. □

Théorème 2.41. *Si a est une partie compacte (non vide), il y a équivalence entre :*

1. *Il existe $x \in \mathbb{R}^n$ tel que pour tout $y \in \mathrm{A}$:* $\quad \langle x,\ y\rangle > 0$
2. $0 \notin \mathcal{K}(\mathrm{A})$

Démonstration.
$\langle x,\ y\rangle$ désigne le produit scalaire habituel, c'est-à-dire si $x = (x_1, \ldots, x_n)$ et $y = (y_1, \ldots, y_n)$: $\langle x,\ y\rangle = x_1y_1 + x_2y_2 + \ldots + x_ny_n$
1)→ 2) Raisonnons par l'absurde en supposant que $0 \in \mathcal{K}(\mathrm{A})$, donc $0 = \sum\limits_{i=1}^{n+1} \lambda_i y_i$, avec $y_i \in \mathrm{A},\ \lambda_i \geq 0,\ \sum\limits_{i=1}^{n+1} \lambda_i = 1$.
$\langle x,\ 0\rangle = 0 = \sum\limits_{i=1}^{n+1} \lambda_i \langle x,\ y_i\rangle$, ce qui contredit 1. car il existe au moins un i tel que $\lambda_i > 0$
2)→ 1) On suppose que $0 \notin \mathcal{K}(\mathrm{A})$, $\mathcal{K}(\mathrm{A})$ est un compact convexe, donc il existe un point et un seul $x \in \mathcal{K}(\mathrm{A})$ tel que $\|x\|$ soit minimum. Soit $y \in \mathrm{A},\ y$ quelconque, a fortiori $y \in \mathcal{K}(\mathrm{A})$. Si $t \in [0,\ 1]$:

$ty + (1-t)x \in \mathcal{K}(\mathrm{A})$, donc $\|x\| \leq \|ty + (1-t)x\|$
Soit en posant $x = (x_1, \ldots, x_n)$ et $y = (y_1, \ldots, y_n)$

$$\begin{aligned} 0 \leq \|ty + (1-t)x\|^2 - \|x\|^2 &= \sum_1^n (ty_i + (1-t)x_i)^2 - \sum_1^n x_i^2 \\ &= \sum_1^n (t^2 y_i^2 + t^2 x_i^2 - 2tx_i^2 + 2tx_i y_i - 2t^2 x_i y_i) \\ &= \sum_1^n t^2 (y_i - x_i)^2 + \sum_1^n 2tx_i(y_i - x_i) \\ &= t^2 \|y - x\|^2 + 2t\langle x,\, y - x\rangle \end{aligned}$$

Ainsi : $t\left[t\|y-x\|^2 + 2\langle x,\, y-x\rangle\right] \geq 0$ pour tout $t \in [0,\, 1]$. Supposons $\langle x,\, y-x\rangle < 0$ (ce qui implique $y \neq x$), on pourait alors choisir t tel que : $0 < t < \dfrac{-2\langle x,\, y-x\rangle}{\|y-x\|^2}$, ce qui contredit l'inégalité précédente.
Donc $\langle x,\, y-x\rangle \geq 0$: $\langle x,\, y\rangle - \langle x,\, x\rangle \geq 0$ soit $\langle x,\, y\rangle \geq \|x\|^2$
Or $x \neq 0$ car $0 \notin \mathcal{K}(\mathrm{A})$ donc $\|x\|^2 > 0$ et $\langle x,\, y\rangle > 0$ pour tout $y \in \mathrm{A}$. □

N.B. Ce théorème sera utilisé plus tard à propos du problème de meilleure approximation.

2.7.4 Compacité et connexité

Nous revenons ici à un espace métrique quelconque (E, d) (pas nécessairement $\mathbb{R}^n$
Nous avons vu que tout espace connexe est bien enchaîné. On peut maintenant obtenir une réciproque partielle.

Théorème 2.42. *Si E est un espace métrique compact, il y a équivalence entre :*

1. *E est connexe*
2. *E est bien enchaîné*

Démonstration.
Nous supposons que E est compact et bien enchaîné, et supposons E non connexe :
$\mathrm{E} = \mathrm{A} \bigcup \mathrm{B}$, $\mathrm{A} \neq \Phi$, $\mathrm{B} \neq \Phi$, $\mathrm{A} \bigcap \mathrm{B} = \Phi$, A et B fermés. A et B sont donc compactc, donc aussi $\mathrm{A} \times \mathrm{B}$. L'application distance $d : \mathrm{E}^2 \longrightarrow \mathbb{R}$ est continue, en particulier sur $\mathrm{A} \times \mathrm{B}$, donc elle atteint sa borne inférieure sur $\mathrm{A} \times \mathrm{B}$.

$$\delta = \inf_{\substack{x \in A \\ y \in B}} d(x,\, y) = d(A,\, B) = d(x_0,\, y_0) \text{ avec } x_0 \in A,\ y_0 \in B.$$

$A \bigcap B = \Phi$, donc $\delta > 0$, posons $\varepsilon = \frac{1}{2}\delta$.

Soient $a \in A$ et $b \in B$, par hypothèse, il existe une $\varepsilon-$chaîne de a vers b :
$y_0 = a,\ y_1, \ldots, y_n = b$.

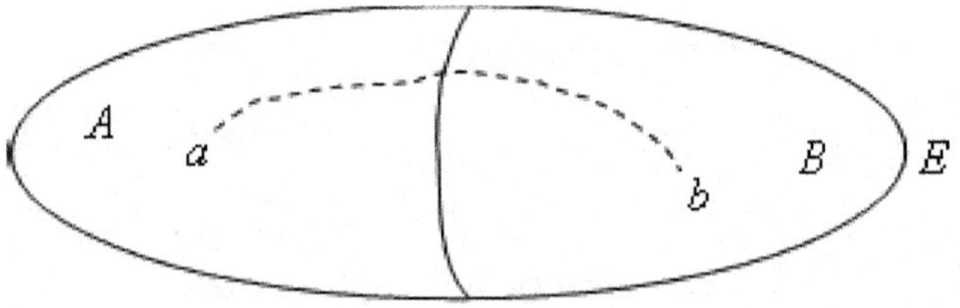

Soit k le plus petit indice tel que $y_k \in B$ $(1 \leq k \leq n)$, alors $y_{k-1} \in A$, donc :
$d(y_{k-1}, y_k) \leq \varepsilon < \delta$ ce qui est contradictoire. Donc E est connexe.

□

Chapitre 3

Topologie générale

3.1 Notions générales

3.1.1 Espace topologique

Un espace topologique est un ensemble non vide E muni d'une application $\mathcal{V} : \mathrm{E} \to \mathcal{P}(\mathcal{P}(\mathrm{E}))$, c'est-à-dire qu'à tout $x \in \mathrm{E}$ est associé un ensemble supposé non vide $\mathcal{V}(x)$ de partie de E, avec 4 axiomes.

V1) Si $\mathrm{V} \in \mathcal{V}(x)$, alors $x \in \mathrm{V}$

V2) Si $\mathrm{V} \in \mathcal{V}(x)$ et $\mathrm{W} \supset \mathrm{V}$, alors $\mathrm{W} \in \mathcal{V}(x)$.

V3) Si $\mathrm{V} \in \mathcal{V}(x)$ et $\mathrm{W} \in \mathcal{V}(x)$ alors $\mathrm{V} \cap \mathrm{W} \in \mathcal{V}(x)$.

V4) Si $\mathrm{V} \in \mathcal{V}(x)$, il existe $\mathrm{W} \in \mathcal{V}(x)$ tel que pour tout $y \in \mathrm{W}$: $\mathrm{V} \in \mathcal{V}(y)$.

Une structure topologique ou simplement une topologie, sera tout couple $(\mathrm{E}, \mathcal{V})$ vérifiant les axiomes précédents.
Les éléments de $\mathcal{V}(x)$, qui sont des parties de E, sont alors appelés les **voisinages** de x

3.1.1.1 Axiome de séparation de Hausdorff.

On ajoute parfois un axiome supplémentaire, dit axiome de séparation de Hausdorff.

V5) Si $x \neq y$, il existe $\mathrm{V} \in \mathcal{V}(x)$ et $\mathrm{W} \in \mathcal{V}(y)$ tel que $\mathrm{V} \cap \mathrm{W} = \Phi$.

Si cet axiome est vérifié, on dit que E est un **espace topologique séparé.**

Remarque 3.1. *L'axiome* V3) *se généralise par récurrence à un nombre fini quelconque de voisinage de* x.

3.1.2 Exemple de topologies

3.1.2.1 Topologie d'un espace métrique

Si (E, d) est un espace métrique (à fortiori un espace normé), on définit :
$\mathcal{V}(x)$ est l'ensemble des parties de E contenant une boule de centre x.
D'après ce qu'on a vu (chapitre 1 $\xi 2$) il s'agit d'une topologie separée.
Un espace métrique sera toujours muni de cette topologie qui est dite engendrée par la distance d.

3.1.2.2 Topologie discrète

Sur tout ensemble non vide E, on peut définir la topologie dite discrète comme suit :
$\mathcal{V}(x)$ est l'ensemble de toutes les parties V de E contenant x.
Cette topologie est séparée ($\{x\}$ est voisinage de x), et elle est engendrée par la distance discrète.

3.1.2.3 Topologie simple

Sur tout ensemble non vide E, on peut définir la topologie dite simple par :
$\mathcal{V}(x) = \{\mathrm{E}\}$, pour tout x.
Cette topologie n'est pas séparée (si E n'est pas un singleton)

Remarque 3.2.
- *Sur un ensemble* E *on peut définir plusieurs topologies différentes (à moins que* E *soit un singleton).*
- *On peut se demander si une topologie peut toujours être engendrée par une distance. Il n'en, est rien car ceci exige d'abord que la topologie soit séparée, ce qui n'est pas toujours le cas. On définit alors :*

- *Un espace toplogique* ***métrisable*** *: s'il existe une distance qui engendre la topologie.*
  Exemple : topologie discrète.
- *Un espace toplogique non* ***métrisable*** *: s'il n'existe aucune distance qui engendre la topologie.*
  Exemple : topologie simple (car elle n'est pas séparée). Mais il existe également des espaces topologiques séparés qui ne sont pas métrisables (par exemple certains espaces fonctionnels. cf dernier chapitre).

3.1.3 Systèmes fondamentaux de voisinages

Soit $(\mathrm{E}, \mathcal{V})$ un espace topologique, soit $x \in \mathrm{E}$, un sous-ensemble $\mathcal{F}(x)$ de $\mathcal{V}(x)$ est dit un système fondamental de voisinages (en abrégé sfv) de x si :
Pour tout voisinage $\mathrm{V} \in \mathcal{V}(x)$, il existe $\mathrm{W} \in \mathcal{F}(x)$ tel que $\mathrm{V} \supset \mathrm{W}$.

Exemple 3.1. *Dans un espace métrique :*
- *L'ensemble des boules ouvertes de centre x est un sfv de x.*
- *L'ensemble des boules fermé de centre x est un sfv de x.*

3.1.3.1 Premier axiome de dénombrabilité.

On dit qu'un espace topologique E vérifie le premier axiome de dénombrabilité si tout point $x \in \mathrm{E}$ possède un système sfv dénombrable.
C'est le cas, par exemple, de tous les espaces métriques (ou métrisables) en prenant pour chaque x la famille $\left\{\mathrm{B}(x, \frac{1}{n}[\right\}_{n\in\mathbb{N}^*}$, ou $\left\{\mathrm{B}(x, \frac{1}{n}]\right\}_{n\in\mathbb{N}^*}$.
Ce n'est pas toujours le cas pour un espace topologique quelconque.

3.1.4 Ouverts et fermés

Dans un espace topologique quelconque E, on définit les parties ouvertes, ou fermées, comme dans un espace métrique.
- A est ouvert si, ou bien $\mathrm{A} = \Phi$, ou bien pour tout $x \in \mathrm{A} : \mathrm{A} \in \mathcal{V}(x)$.

– A est fermé si $\complement^A$ est ouvert.

3.1.4.1 Espaces réguliers

Un espace topologique E est dit régulier si tout point $x \in$ E possède un système fondamental de voisinages fermés.
C'est le cas, par exemple, de tous les espaces métriques, en prenant la famille des boules fermées de centre x.
Ce n'est pas toujours le cas pour un espace topologique quelconque.

3.1.4.2 Voisinages d'une partie.

Si A est une partie quelconque d'un espace topologique E, on appelle voisinage de A toute partie contenant un ouvert contenant A.

3.1.5 Définition équivalente d'une topologie

Nous avons défini une topologie sur E par la donnée de $\mathcal{V}$, c'est-à-dire la donnée des familles de voisinages pour chaque point . A partir de là, nous avons défini la famille des ouverts de E, soit O, qui vérifie, entre autres, les propriétés suivantes :

o.1) E et Φ sont ouverts.

o.2) Toute réunion d'ouverts est un ouvert.

o.3) Toute intersection finie d'ouverts est un ouvert

(Les démonstrations de ces propriétés sont les mêmes que les espaces métriques).
On peut faire la démarche inverse et définir une topologie par la donnée (E, O) où O est un ensemble de partie de E, appelées ouverts, vérifiant $o.1, o.2, o.3$ à titre d'axiomes. Pour un point $x \in$ E on définit alors les "voisinages" de x comme étant toute partie contenant un ouvert contenant x.
Cette seconde définition d'une topologie est équivalente à celle que nous avons donnée. Pour cela il suffit que $o.1, o.2, o.3$, considérés comme axiomes, impliquent les propriétés V.1, V.2, V.3, V.4 (exercice très simple).

3.1.6 Base d'une topologie

On appelle base d'un espace topologique E toute famille $\mathcal{B}$ d'ouverts non vide telle que :
Pour tout $x \in$ E, pour tout V $\in \mathcal{V}(x)$, il existe $\Omega \in \mathcal{B}$ tel que $x \in \Omega$ et V $\supset \Omega$.
Autrement dit :
Les ouverts appartenant à $\mathcal{B}$ et contenant x forment un sfv de x.

Exemple 3.2. *Dans les espaces métriques : la famille de toutes les boules ouvertes.*

Théorème 3.1. *Si $\mathcal{B}$ est une base, tout ouvert non vide est une réunion d'ouverts appartenant à $\mathcal{B}$.*

Démonstration. Soit A un ouvert non vide, pour chaque $x \in$ A :
A $\in \mathcal{V}(x)$, donc il existe $\Omega_x \in \mathcal{B}$ tel que $x \in \Omega_x$ et A $\supset \Omega_x$.
Il en résulte : $\mathrm{A} = \bigcup_{x \in \mathrm{A}} \Omega_x$. □

3.1.6.1 Deuxième axiome de dénombrabilité

On dit qu'un espace toplogique E vérifie le 2ème axiome de dénombrabilité ou encore que E est de type dénombrable, s'il possède une base dénombrable.
Ceci implique évidemment le 1er axiome de dénombrabilité.

Exemple 3.3 (Exercice). *$\mathbb{R}$ euclidien est de type dénombrable en prenant comme base :*

$$\mathcal{B} = \left\{]r - \frac{1}{n}, r + \frac{1}{n}[\right\}_{r \in \mathbb{Q}, n \in \mathbb{N}^*}$$

Attention : ce n'est pas le cas de tous les espaces métriques (contrairement au 1er axiome de dénombrabilité)

3.1.7 Adhérence-Intérieur-Extérieur-Frontière.

Ces notions se définissent dans un espace topologique exactement comme dans un espace métrique (Chap. 1 & 2), et les propriétés topologiques restent valables.

Théorème 3.2. *Dans tout espace topologique, l'ensemble des voisinages ouverts d'un point forme un sfv.*

Démonstration. En effet :
Si $\mathrm{V} \in \mathcal{V}(x)$, $x \in \overset{\circ}{\mathrm{V}}$, $\overset{\circ}{\mathrm{V}}$ est ouvert donc $\overset{\circ}{\mathrm{V}} \in \mathcal{V}(x)$, et $\mathrm{V} \supset \overset{\circ}{\mathrm{V}}$. □

3.1.7.1 Espace séparable

Un espace toplogique E est dit séparable s'il possède une partie dénombrable A partout dense $\left(\overline{\mathrm{A}} = \mathrm{E}\right)$.
Par exemple, $\mathbb{R}$ euclidien est séparable car $\mathbb{Q}$ est partout dense. (mais ce n'est pas le cas de tous les espaces métriques, à fortiori des espaces toplogiques).

Théorème 3.3. *Tout espace topologique de type dénombrable est séparable*

Démonstration. Soit $\mathcal{B}$ une base dénombrable de E, posons $\mathcal{B} = (\Omega_n)_{n\in\mathbb{N}}$. pour chaque entier n, choisissons $x_n \in \Omega_n$ et soit $\mathrm{A} = \{x_n\}_{n\in\mathbb{N}}$. Alors $\overline{\mathrm{A}} = \mathrm{E}$: Soit $x \in \mathrm{E}$, soit $\mathrm{V} \in \mathcal{V}(x)$, il existe un entier p tel que $x \in \Omega_\mathrm{P}$ et $\mathrm{V} \supset \Omega_\mathrm{P}$, alors $\mathrm{V} \cap \mathrm{A} \supset \Omega_\mathrm{P} \cap \mathrm{A} \supset \{x_p\}$, donc $x \in \overline{\mathrm{A}}$.
A est bien dénombrable. □

N.B. La réciproque de ce théorème est inexacte, toutefois :

Théorème 3.4. *Si* E *est un espace métrique, les deux propriétés suivantes sont équivalentes :*

1. E *est de type dénombrable.*
2. E *est séparable.*

Démonstration. Il suffit de montrer 2) $\Rightarrow$ 1).
Soit A une partie dénombrable partout dense, posons $\mathrm{A} = \{x_n\}_{n\in\mathbb{N}}$.
Pour chaque $n \in \mathbb{N}$ et chaque $p \in \mathbb{N}^*$, posons $\Omega_{n,\mathrm{P}} = \mathrm{B}(x_n, \frac{1}{p}[$.
$\mathcal{B} = \{\Omega_{n,\mathrm{P}}\}_{n,p}$ est une famille dénombrable d'ouverts, montrons que c'est une base.
Soient $x \in \mathrm{E}$, et $\mathrm{V} \in \mathcal{V}(x)$, il existe un seul $r > 0$ tel que $\mathrm{V} \supset \mathrm{B}(x, r[$.
Fixons entier $p > \frac{2}{r}$.
$\mathrm{B}(x, \frac{1}{p}[$ est un voisinage de x, et $x \in \overline{\mathrm{A}}$, donc il existe n tel que

$x_n \in \mathrm{B}(x, \frac{1}{p}[$.
$d(x, x_n) < \frac{1}{p}$, donc $x \in \mathrm{B}(x_n, \frac{1}{p}[$, soit $x \in \Omega_{n,\mathrm{P}}$.
En outre :
si $y \in \Omega_{n,\mathrm{P}} : d(x_n, y) < \frac{1}{p}$
$d(x, y) \leq d(x, x_n) + d(x_n, y) < \frac{2}{p} < r$.
Donc $y \in \mathrm{B}(x, r[$, à fortiori $y \in \mathrm{V}$.
Donc $\Omega_{n,\mathrm{P}} \subset \mathrm{V}$. □

3.1.8 Comparaison de topologies

Considérons 2 topologies sur le même ensemble E :
τ_1 définie par $\mathcal{V}_1$.
τ_2 définie par $\mathcal{V}_2$.
On dit que la topologie τ_1 est **plus fine** que la topologie τ_2 si :
Pour tout $x \in \mathrm{E} : \mathcal{V}_2(x) \subset \mathcal{V}_1(x)$.
(i.e il y'a "plus" de voisinages dans τ_1 que dans τ_2).
Cette relation est une relation d'ordre (non total)

Exemple 3.4. – *La topologie discrete est la plus fine de toutes.*
– *La topologie simple est la moins fine de toutes.*

Exercice 3.1. *Soient* $\mathrm{A} \subset \mathrm{E}$, *on notera* $\overline{\mathrm{A}}^1, \overline{\mathrm{A}}^2, \overset{\circ}{\mathrm{A}}{}^1, \overset{\circ}{\mathrm{A}}{}^2$, *les adhérences et intérieurs de* A *dans* τ_1 *et* τ_2. *On suppose* τ_1 *plus fine* τ_2, *alors :*
- $\overline{\mathrm{A}}^1 \subset \overline{\mathrm{A}}^2$.
- $\overset{\circ}{\mathrm{A}}{}^2 \subset \overset{\circ}{\mathrm{A}}{}^1$.
- *Si* τ_2 *est séparée, alors* τ_1 *l'est aussi.*

3.1.8.1 Cas des espaces métriques

Soient d_1 et d_2 deux distances sur un même ensemble E, elles engendrent deux topologies τ_1 et τ_2. On dira alors que la distance d_1 est plus fine que la distance d_2, si τ_1 plus fine τ_2. Ce qui signifie :
Toute boule pour d_2 contient une boule de même centre pour d_1.
N.B. La relation de finesse entre distance n'est pas une relation d'ordre.
Car elle n'est pas antisymétrique :
d_1 est plus fine que d_2 et d_2 est plus fine que d_1 signifie : d_1 et d_2 sont topologiquement équivalentes (mais on peut avoir $d_1 \neq d_2$).

3.1.9 Topologique induite

Soient : $\begin{cases} (\mathrm{E}, \mathcal{V}) \text{ un espace topologique} \\ \mathrm{A} \text{ une partie non vide de E} \end{cases}$

On peut définir une topologie sur A en définissant pour chaque $x \in \mathrm{A}$ la famille $\mathcal{V}_{\mathrm{A}}(x)$ de parties de A par :

$\mathrm{V} \in \mathcal{V}_{\mathrm{A}}(x) \Leftrightarrow$ il existe $\mathrm{W} \in \mathcal{V}(x)$ tel que $\mathrm{V} = \mathrm{W} \cap \mathrm{A}$.

En effet on vérifie aisement les axiomes :

V.1) trivial

V.2) Si $\mathrm{V} = \mathrm{W} \cap \mathrm{A}$ avec $\mathrm{W} \in \mathcal{V}(x)$ et si $\mathrm{V}' \supset \mathrm{V}$, $(\mathrm{V}' \subset \mathrm{A})$, posons $\mathrm{W}' = \mathrm{W} \cup \mathrm{V}'$,

$\mathrm{W}' \supset \mathrm{W}$ donc $\mathrm{W}' \in \mathcal{V}(x)$, et

$\mathrm{W}' \cap \mathrm{A} = (\mathrm{W} \cup \mathrm{V}') \cap \mathrm{A} = (\mathrm{W} \cap \mathrm{A}) \cup (\mathrm{V}' \cap \mathrm{A}) = \mathrm{V} \cup \mathrm{V}' = \mathrm{V}'$.

V.3) Si $\mathrm{V} = \mathrm{W} \cap \mathrm{A}$ avec $\mathrm{W} \in \mathcal{V}(x)$, et $\mathrm{V}' = \mathrm{W}' \cap \mathrm{A}$ avec $\mathrm{W}' \in \mathcal{V}(x)$:

$\mathrm{V} \cap \mathrm{V}' = (\mathrm{W} \cap \mathrm{W}') \cap \mathrm{A}$ avec $\mathrm{W} \cap \mathrm{W}' \in \mathcal{V}(x)$.

V.4) Si $\mathrm{V} = \mathrm{W} \cap \mathrm{A}$ avec $\mathrm{W} \in \mathcal{V}(x)$, il existe $\mathrm{W}' \in \mathcal{V}(x)$ tel que pour tout $y \in \mathrm{W}'$, $\mathrm{W} \in \mathcal{V}(y)$. Posons alors $\mathrm{V}' = \mathrm{W}' \cap \mathrm{A}$, $\mathrm{V}' \in \mathcal{V}_{\mathrm{A}}(x)$ et si $y \in \mathrm{V}'$, alors $y \in \mathrm{W}'$ donc $\mathrm{W} \in \mathcal{V}(y)$, donc $\mathrm{V} \in \mathcal{V}_{\mathrm{A}}(y)$.

Par définition, cette topologie sur A est dite la **topologie induite** par la topologie de E. On dira également que $(\mathrm{A}, \mathcal{V}_{\mathrm{A}})$ est **un sous-espace topologique** de $(\mathrm{E}, \mathcal{V})$.

Remarque 3.3. *Si* $(\mathrm{E}, \mathcal{V})$ *est séparé, il en est de même de* $(\mathrm{A}, \mathcal{V}_{\mathrm{A}})$ *: Soient* $x, y \in \mathrm{A}$ *avec* $x \neq y$. *Dans* E *il existe* $\mathrm{W}_1 \in \mathcal{V}(x)$ *et* $\mathrm{W}_2 \in \mathcal{V}(y)$ *tels que* $\mathrm{W}_1 \cap \mathrm{W}_2 = \Phi$. *Posons* $\mathrm{V}_1 = \mathrm{W}_1 \cap \mathrm{A} \in \mathcal{V}_{\mathrm{A}}(x)$,
$\mathrm{V}_2 = \mathrm{W}_2 \cap \mathrm{A} \in \mathcal{V}_{\mathrm{A}}(y)$, *on a bien* $\mathrm{V}_1 \cap \mathrm{V}_2 = \Phi$.

3.1.9.1 Cas des espaces métriques

Si (E, d) est un espace métrique, on remarque immédiatement : La topoplogie induite sur A par la topologie de E engendrée par d, est identique à la topologie de A engendrée par la métrique induite.

Remarque 3.4. *Pour un espace topologique quelconque* E, *les notions "ouverts sur* A*" et "fermés sur* A*" sont définies comme dans le cas d'un espace métrique et les propriétés topologiques sont les mêmes.*

3.1.10 Topologie produit

Soit $(\mathrm{E}_i, \mathcal{V}_i)_\mathrm{I}$ une famille quelconque (pas nécessairement finie) d'espaces topologiques.
Soit $\mathrm{E} = \prod\limits_{\mathrm{I}} \mathrm{E}_i$ ensemble des familles $x = (x_i)_\mathrm{I}$ avec $x_i \in \mathrm{E}_i$.
On se propose de définir une topologie sur E.

On définit tout d'abord un **ensemble élémentaire** de E comme étant tout ensemble du type $\Omega = \prod\limits_{\mathrm{I}} \Omega_i$ où :

- Pour tout i , Ω_i est un ouvert de E_i.
- $\Omega_i = \mathrm{E}_i$presque partout(i.e. sauf pour un ensemble fini d'indices)

Soit alors $x = (x_i) \in \mathrm{E}$ et posons :
$\mathcal{V}(x)$ = ensemble des parties de E contenant un ensemble élémentaire contenant x.
C'est-à-dire :
$\mathrm{V} \in \mathcal{V}(x) \Leftrightarrow \mathrm{V} \supset \Omega = \prod \Omega_i$, Ω_i ouvert de E_i, $\Omega_i = \mathrm{E}_i$ presque partout et pour tout i, $x_i \in \Omega_i$.
On vérifie aisément les axiomes d'une topologie :
V.1) trivial.
V.2) trivial.
V.3) Soient $\mathrm{V} \supset \Omega = \prod \Omega_i$, $\Omega_i = \mathrm{E}_i$ sauf pour $i_1, ..., i_n$.
$\mathrm{V}' \supset \Omega' = \prod \Omega'_i$, $\Omega'_i = \mathrm{E}_i$ sauf pour $j_1, ..., j_p$.
Avec Ω_i, Ω'_i ouverts et pour tout i, $x_i \in \Omega_i$ et $x_i \in \Omega'_i$. Alors $\mathrm{V} \cap \mathrm{V}' \supset \Omega \cap \Omega' = \prod (\Omega_i \cap \Omega'_i)$, $\Omega_i \cap \Omega'_i$ est bien un ouvert de E_i, $\Omega_i \cap \Omega'_i = \mathrm{E}_i$ sauf pour $i_1, ..., i_n, j_1, ..., j_n$, et pour tout i, $x_i \in \Omega_i \cap \Omega'_i$.
Donc $\mathrm{V} \cap \mathrm{V}' \in \mathcal{V}(x)$.
V.4) Soit $\mathrm{V} \supset \Omega = \prod \Omega_i$, $\mathrm{V} \in \mathcal{V}(x)$, on a aussi $\Omega \in \mathcal{V}(x)$, et pour tout $y \in \Omega : \mathrm{V} \in \mathcal{V}(y)$.
On a bien défini une topologie sur E qui, par définition, sera appelée la topologie produit sur E, E sera alors l'**espace produit** des E_i.
N.B. Les ensembles élémentaires sont alors des ouverts de E et constituent une base de E.

Théorème 3.5. *Si chaque espace* E_i *est séparé, alors* E *est séparé*

Démonstration. Soient $x, y \in \mathrm{E}$, avec $x \neq y$, $x = (x_i)$, $y = (y_i)$, donc il existe au moins un indice $k \in \mathrm{I}$ tel que $x_k \neq y_k$. Alors, dans E_k il existe un voisinage V_k de x_k et un voisinage W_k de y_k tel que

$V_k \cap W_k = \Phi$.
A fortiori, $\overset{\circ}{V}_k \cap \overset{\circ}{W}_k = \Phi$, et V_k (resp. W_k) est un voisinage ouvert de x_k (resp. y_k).
Posons alors :
$\Omega = \prod \Omega_i$ où $\Omega_i = E_i$ si $i \neq k$, et $\Omega_k = \overset{\circ}{V}_k$.
$\Omega' = \prod \Omega_i$ où $\Omega'_i = E_i$ si $i \neq k$, et $\Omega'_k = \overset{\circ}{W}_k$.
On a bien $\Omega \in \mathcal{V}(x), \Omega' \in \mathcal{V}(y)$, et $\Omega \cap \Omega' = \Phi$. □

Théorème 3.6. *Pour chaque i, soit $A_i \subset E_i$, alors $\overline{\prod A_i} = \prod \overline{A}_i$.*

Démonstration.

1) Soit $x = (x_i) \in \overline{\prod A_i}$. Fixons un indice $k \in I$ et soit V_k un voisinage ouvert de x_k dans E_k.
Posons $\Omega = \prod \Omega_i$ où $\Omega_i = E_i$ si $i \neq k$, et $\Omega_k = V_k$. $\Omega \in \mathcal{V}(x)$.
$\Omega \cap \prod A_i \neq \Phi$, d'où $V_k \cap A_k \neq \Phi$, on en déduit $x_k \in \overline{A}_k$ et ceci pour tout indice, donc $x \in \prod \overline{A}_i$.
2) Soit $x = (x_i) \in \prod \overline{A}_i$, soit $V \in \mathcal{V}(x)$, $V \supset \Omega = \prod \Omega_i$, chaque Ω_i est ouvert dans E_i, donc voisinage de x_i, donc il existe $y_i \in \Omega_i \cap A_i$. Alors $y = (y_i) \in \Omega \cap \prod A_i$, à fortiori $V \cap \prod A_i \neq \Phi : x \in \overline{\prod A_i}$. □

Corollaire 3.1. *Si chaque A_i est fermé dans E_i, alors $\prod A_i$ est fermé.*

N.B. En général (si I est infini) un produit d'ouvert n'est pas nécessairement un ouvert.

3.1.10.1 Cas d'un produit fini

On peut raisonner sur 2 espaces topologiques $(E_1, \mathcal{V}_1)$ et $(E_2, \mathcal{V}_2)$. Dans ce cas les ensembles élémentaires sont tous les produiits $\Omega_1 \times \Omega_2$ où Ω_1 est ouvert de E_1 et Ω_2 est ouvert de E_2.
Dans ce cas, il est donc exact qu'un produit d'ouverts est un ouvert.
En outre, si $x = (x_1, x_2) \in E_1 \times E_2$:
$V \in \mathcal{V}(x) \Leftrightarrow V \supset V_1 \times V_2$ où $V_1 \in \mathcal{V}_1(x_1)$ et $V_2 \in \mathcal{V}_2(x_2)$ (car $V_1 \times V_2 \supset \overset{\circ}{V}_1 \times \overset{\circ}{V}_2$).
N.B. Dans le cas d'espaces métriques $(E_1, d_1), (E_1, d_2)$, on retrouve la topologie produit comme étant éngendrée par la distance produit.

Théorème 3.7. *Soient* E *un espace topologique et* E^2 *avec la topologie produit. Les 2 assertions suivantes sont équivalentes :*

1. E *est séparé.*
2. *La diagonale* $\triangle$ *de* E^2 *est fermée.*

Démonstration. $\triangle = \{(x, x) \,/\, x \in E\}$.
1) $\Rightarrow$ 2) : On suppose E séparé et qoit $(x, y) \in \complement^{\triangle}$, donc $x \neq y$, donc il existe $V \in \mathcal{V}(x)$ et $W \in \mathcal{V}(y)$ tels que $V \cap W = \Phi$, alors $V \times W \in \mathcal{V}(x, y)$ et $V \times W \subset \complement^{\triangle}$. Il en résulte que $\complement^{\triangle}$ est ouvert.
2) $\Rightarrow$ 1) : Soient $x \neq y$ dans E, donc $(x, y) \in \complement^{\triangle}$, donc $\complement^{\triangle}$ est un voisinage de (x, y), donc $\complement^{\triangle} \subset V \times W$ où $V \in \mathcal{V}(x)$ et $W \in \mathcal{V}(y)$. Il en résulte $V \cap W = \Phi$, donc E est séparé.
N.B. Le fait que $\triangle$ est fermé a déjà été démontré pour tous les espaces métriques (qui sont automatiquement séparés) (C*f* L*emme*1.3)

3.2 Filtres et limites

3.2.1 Filtre sur un ensemble

Soit E un ensemble non vide quelconque, on appelle filtre sur E tout ensemble $\mathcal{F}$ non vide de partie de E vérifiant les trois axiomes suivants :

F.1/ Si $A \in \mathcal{F}$ et $B \supset A$, alors $B \in \mathcal{F}$.

F.2/ Si $A, B \in \mathcal{F}$, alors $A \cap B \in \mathcal{F}$.

F.3/ $\Phi \notin \mathcal{F}$.

Remarque 3.5. • *On a toujours* $E \in \mathcal{F}$*, d'après* F.1.
• F.2 *se généralise à un nombre fini d'éléments de* $\mathcal{F}$.

Exemple 3.5. 1. *Pour tout ensemble* E, $\{E\}$ *est un filtre sur* E.

2. *Si* E *est un ensemble infini, l'ensemble des parties cofinies (i.e dont le complémentaire est fini) est un filtre sur* E.
   En particulier le filtre des parties cofinies de $\mathbb{N}$ *est appelé le* ***filtre de Féchet.***
3. *Si* E *est un espace topologique et* $x_0 \in E$: $\mathcal{V}(x_0)$ *est le filtre sur* E*, appelé le filtre des voisinages de* x_0.

3.2.1.1 Comparaison des filtres

Soient $\mathcal{F}_1$ et $\mathcal{F}_2$ deux filtres sur E, on dit que $\mathcal{F}_1$ est plus fin que $\mathcal{F}_2$ si : $\mathcal{F}_1 \subset \mathcal{F}_2$.
C'est une relation d'ordre (non total).
Dans le cas des filtres de voisinages on retrouve la comparaison de topologies.

3.2.1.2 génération de filtre.

Soit $\mathcal{G}$ un ensemble non vide de parties de E, définissons :
$\mathcal{F}_\mathcal{G}$: ensembles des parties de E contenant une intersection finie d'éléments de $\mathcal{G}$.
$\mathcal{F}_\mathcal{G}$ vérifie évidemment les axiomes F.1 et F.2.
$\mathcal{F}_\mathcal{G}$ est un filtre si F.3 est vérifié, c'est-à-dire si :
Acune intersection finie d'éléments de $\mathcal{G}$ n'est vide.
On dit dans ce cas que $\mathcal{G}$ est **compatible** (sinon incompatible) et $\mathcal{F}_\mathcal{G}$ est appelé le filtre engendré par $\mathcal{G}$, on dit aussi que $\mathcal{G}$ est un générateur de ce filtre.
En particulier, si $\mathcal{G} = \{\mathrm{A}\}$ avec $\mathrm{A} \neq \Phi$: $\mathcal{F}_{\{\mathrm{A}\}} = \{\mathrm{B} \subset \mathrm{E} \,/\, \mathrm{B} \supset \mathrm{A}\}$ est appelé filtre principal engendré par A.

3.2.1.3 Base de filtre.

Un ensemble $\mathcal{B}$ non vide de parties de E est dit base de filtre si.

B.1/ Si $\mathrm{A}, \mathrm{B} \in \mathcal{B}$: il existe $\mathrm{C} \in \mathcal{B}$ tel que $\mathrm{A} \cap \mathrm{B} \supset \mathrm{C}$.

B.2/ $\Phi \notin \mathcal{B}$.

Une base de filtre est compatible et engendre donc un filtre $\mathcal{F}_\mathcal{B}$, dans ce cas on a tout simplement :
$\mathcal{F}_\mathcal{B} = \{\mathrm{A} \;/\; \text{il existe } \; \mathrm{B} \in \mathcal{B} \;\; \mathrm{A} \supset \mathrm{B}\}$.

Remarque 3.6. • *Un générateur de filtre n'est pas nécessairement une base de filtre.*
• *Tout filtre est une base de filtre (de lui même).*
• *Tout filtre peut avoir plusieurs bases, par exemple pour un filtre de voisinages $\mathcal{V}(x_0)$, tout sfv de x_0 est une base*

3.3 Ultrafiltres

L'ensembles des filtres sur un ensemble E peut être ordonné par inclusion (i.e la relation de finesse). On démontre, et nous l'admettrons :

$$\begin{cases} \text{Il existe des filtres maximaux, c'est-à-dire des filtres } \mathcal{U} \text{ tels que} \\ \text{pour tout autre filtre } \mathcal{F} : \mathcal{U} \subset \mathcal{F} \Rightarrow \mathcal{U} = \mathcal{F}. \\ \text{(ou encore } \mathcal{F} \subset \mathcal{U} \text{ ou } \mathcal{F} \text{ est incomparable à } \mathcal{U}) \end{cases}$$

Un filtre maximal est appelé un ultrafiltre.
On démontre également, et nous l'admettrons :
Tout filtre est contenu dans un ultrafiltre .
Le théorème suivant donne une caractérisation simple des ultrafiltres parmi les filtres.

Théorème 3.8. *Pour qu'un filtre $\mathcal{F}$ soit un ultrafiltre il faut et il sufit qu'il vérifie la propriété :*

$$\textit{Pour toute partie } \mathrm{A} \textit{ de } \mathrm{E} \textit{ ou bien } \mathrm{A} \in \mathcal{F} \;, \textit{ ou bien } \complement^{\mathrm{A}} \in \mathcal{F} \quad (3.1)$$

Démonstration. Si $\mathcal{F}$ est un ultrafiltre, soit $\mathrm{A} \subset \mathrm{E}$ et supposons $\mathrm{A} \notin \mathcal{F}$.
Soit $\mathcal{G} = \mathcal{F} \cup \{\mathrm{A}\}$, si $\mathcal{G}$ était comptible, il engendrerait un filtre, et on aurait $\mathcal{F} \cup \{\mathrm{A}\} \subset \mathcal{F}_{\mathcal{G}}$, donc $\mathcal{F} \subsetneqq \mathcal{F}_{\mathcal{G}}$ ce qui est contradictoire.
Donc $\mathcal{G}$ est compatible : il existe des éléments $\mathrm{B}_1, ..., \mathrm{B}_n$ de $\mathcal{F}$ tels que $\mathrm{B}_1 \cap ... \cap \mathrm{B}_n \cap \mathrm{A} = \Phi$, alors $\mathrm{B}_1 \cap ... \cap \mathrm{B}_n \subset \complement^{\mathrm{A}}$, donc $\complement^{\mathrm{A}} \in \mathcal{F}$.
Si $\mathcal{F}$ est un filtre vérifiant la propriété (3.1), supposons qu'il existe un filtre $\mathcal{F}'$ strictement plus fin que $\mathcal{F}$: $\mathcal{F} \subsetneqq \mathcal{F}'$, donc il existe A tel que $\mathrm{A} \in \mathcal{F}'$ et $\mathrm{A} \notin \mathcal{F}$, donc $\complement^{\mathrm{A}} \in \mathcal{F}'$ et $\mathrm{A} \cap \complement^{\mathrm{A}} = \Phi \in \mathcal{F}'$, ce qui est absurde. □

3.3.1 Filtre induit

Soit $\mathcal{F}$ un filtre de E et soit $\mathrm{A} \subset \mathrm{E}$ telle que : quel que soit $\mathrm{B} \in \mathcal{F}$, $\mathrm{B} \cap \mathrm{A} \neq \Phi$. Posons alors :

$$\mathcal{F}_{\mathrm{A}} = \{\mathrm{B} \cap \mathrm{A} \,/\, \mathrm{B} \in \mathcal{F}\}$$

$\mathcal{F}_{\mathrm{A}}$ est un filtre sur A, en effet :
F.1/ soient $\mathrm{B} \cap \mathrm{A} \in \mathcal{F}_{\mathrm{A}}$ et $\mathrm{C} \subset \mathrm{A}$ telle que $\mathrm{C} \supset \mathrm{B} \cap \mathrm{A}$: $\mathrm{B} \cup \mathrm{C} = \mathrm{B}' \supset \mathrm{B}$,

donc $B' \in \mathcal{F}$ et
$B' \cap A = (B \cup C) \cap A = (B \cap A) \cup (C \cap A) = (B \cap A) \cup C = C$,
donc $C \in \mathcal{F}_A$.
F.2/ Soient $B \cap A, B' \cap A \in \mathcal{F}_A$:
$(B \cap A) \cap (B' \cap A) = (B \cap B') \cap A \in \mathcal{F}_A$.
F.3/ $\Phi \notin \mathcal{F}_A$ par hypothèse.
$\mathcal{F}_A$ est dit le filtre induit par $\mathcal{F}$ sur A.

Exemple 3.6. *Si* E *est un espace topologique, soient* $A \subset E$ *et* $x_0 \in A$, *le filtre induit sur* A *par* $\mathcal{V}(x_0)$ *est le filtre* $\mathcal{V}_A(x_0)$ *des voisinages de* x_0 *pour la topologie induite sur* A.

3.3.2 Filtre image

Soient : deux ensembles E, F, une application f de E dans F, $\mathcal{F}$ un filtre sur E.
L'ensemble $f(\mathcal{F}) = \{f(A) \,/\, A \in \mathcal{F}\}$ est une base de filtre dans F, car $f(A \cap B) \subset f(A) \cap f(B)$.
Le filtre $\mathcal{F}'$ sur F engendré par $f(\mathcal{F})$ est appelé le filtre image de $\mathcal{F}$ par f.

3.3.3 Filtre projection

Soit $\mathcal{F}$ un filtre sur un ensemble produit $E = \prod_I E_i$, pour chaque $k \in I$ k filtre image de $\mathcal{F}$ par pr_k est un filtre de E_k, appelé filtre projection de $\mathcal{F}$ sur E_k.

3.3.4 Filtre produit

Soient deux ensembles E_1, E_2 et $\mathcal{F}_1, \mathcal{F}_2$ des filtres respectivement sur E_1 et E_2.
$\mathcal{B} = \{A_1 \times A_2 \,/\, A_1 \in \mathcal{F}_1 \text{ et } A_2 \in \mathcal{F}_2\}$ est une base de filtre sur $E_1 \times E_2$, car :

$$(A_1 \times A_2) \cap (B_1 \times B_2) = (A_1 \cap B_1) \times (A_2 \cap B_2)$$

Le filtre engendré par $\mathcal{B}$ est appelé le filtre produit de $\mathcal{F}_1$ et $\mathcal{F}_2$.
N.B. Ceci se généralise à un nombre fini d'ensembles.

N.B. Dans le cas des filtres de voisinages, on retrouve la topologie produit.

3.3.5 Limite d'un filtre

On considère ici un espace topologique E et un filtre $\mathcal{F}$ sur E.

Définition 3.1. *On dit que $\mathcal{F}$ converge vers un point $x \in \mathrm{E}$, si $\mathcal{F}$ est plus fin que $\mathcal{V}(x)$: $\mathcal{V}(x) \subset \mathcal{F}$.*

Théorème 3.9. *Si* E *est séparé, la limite d'un filtre, lorsqu'elle existe est unique.*

Démonstration. En effet :
Supposons $\mathcal{V}(x) \subset \mathcal{F}$ et $\mathcal{V}(y) \subset \mathcal{F}$ avec$x \neq y$: il existe $\mathrm{V} \in \mathcal{V}(x)$ et $\mathrm{W} \in \mathcal{V}(y)$ tels que $\mathrm{V} \cap \mathrm{W} = \Phi$, or $\mathrm{V} \in \mathcal{F}$ et $\mathrm{W} \in \mathcal{F}$, d'où $\Phi \in \mathcal{F}$ ce qui est absurde.

□

Exemple 3.7. *Si $\mathcal{F}$ converge vers x on écrira : $\mathcal{F} \to x$ ou $x = \lim \mathcal{F}$. $x = \lim \mathcal{V}(x)$.*

3.3.6 Limite dans un espace produit

Soient $\mathrm{E} = \prod \mathrm{E}_i$ un espace topologique produit et $\mathcal{F}$ un filtre sur E, on désigne par $\mathcal{F}_k$ le filtre projestion sur E_k.

Théorème 3.10. *Il y a équivalence entre :*

1. *$\mathcal{F}$ converge vers $x = (x_i)$ dans* E.
2. *Pour chaque i, $\mathcal{F}_i$ converge vers x_i dans* E.

Démonstration.

1) ⇒ 2) soit $\mathrm{V}_k \in \mathcal{V}_k(x_k)$, définissons l'ouvert élémentaire $\Omega = \prod \Omega_i$ par $\Omega_i = \mathrm{E}_i$ si i$\neq k$ et $\Omega_k = \overset{\circ}{\mathrm{V}}_k$. $\Omega \in \mathcal{V}(x)$, donc $\Omega \in \mathcal{F}$, donc $pr_k(\Omega) = \overset{\circ}{\mathrm{V}}_k \in \mathcal{F}_k$, à fortiori $\mathrm{V}_k \in \mathcal{F}_k$. Donc $\mathcal{V}_k(x_k) \subset \mathcal{F}_k$: $\mathcal{F}_k$ converge vers x_k.

2) $\Rightarrow$ 1) Pour tout i, $\mathcal{V}_i(x_i) \subset \mathcal{F}_i$. Soit $\mathrm{V} \in \mathcal{V}(x)$, $\mathrm{V} \supset \Omega = \prod \Omega_i$ où les Ω_i sont ouverts, $\Omega_i = \mathrm{E}_i$ sauf pour $i_1, ..., i_n$, pour tout i, $x_i \in \Omega_i$.
Pour chaque i, $\Omega_i \in \mathcal{V}_i(x_i)$, donc $\Omega_i \in \mathcal{F}_i$, donc il existe $\mathrm{A}_i \in \mathcal{F}$ tel que $\Omega_i \supset pr_i(\mathrm{A}_i)$, d'où $pr_i^{-1}(\Omega_i) \supset \mathrm{A}_i$, donc $pr_i^{-1}(\Omega_i) \in \mathcal{F}$.
D'où $\Omega = pr_{i_1}^{-1}(\Omega_{i_1}) \cap ... \cap pr_{i_n}^{-1}(\Omega_{i_{n1}}) \in \mathcal{F}$.
A fortiori $\mathrm{V} \in \mathcal{F}$, donc $\mathcal{V}(x) \subset \mathcal{F}$: $\mathcal{F}$ converge vers x.

□

3.3.7 Limite d'une fonction suivant un filtre

Soient
E un ensemble quelconque et $\mathcal{F}$ un filtre sur E
F un espace topologique
f une application de E dans F.
Appelons $\mathcal{F}'$ le filtre image de $\mathcal{F}$ par f.

Définition 3.2. *On dit que f converge suivant $\mathcal{F}$ vers un point $y \in \mathrm{F}$, si $\mathcal{F}'$ converge vers y..*

N.B. Si F est séparé, il y a unicité de la limite, on écrira $y = \lim_{\mathcal{F}} f$

3.3.7.1 Traduction pratique

$y = \lim_{\mathcal{F}} f$ signifie : $\mathcal{V}(y) \subset \mathcal{F}'$, c'est-à-dire :
Pour tout voisinage V de y, il existe $\mathrm{A} \in \mathcal{F}$ tel que $f(\mathrm{A}) \subset \mathrm{V}$.

3.3.8 Retour sur la continuité

Soient :

- deux espaces topologiques E, F

- une application f de E dans F

- un point $x_0 \in \mathrm{E}$

Définition 3.3. *On dira que f est continue en x_0 si : $f(x_0) = \lim_{\mathcal{V}(x_0)} f$.*

On retrouve alors la définition usuelle donnée dans le cas des espaces métriques :
Pour tout voisinage V de $f(x_0)$, il existe un voisinage U de x_0 tel que $f(\mathrm{U}) \subset \mathrm{V}$ (i.e $x \in \mathrm{U} \Rightarrow f(x) \in \mathrm{V}$).
A partir de là, toutes les propriétés topologiques concernant la continuité en un point, la continuité sur une partie, les homéomorphismes, démontrées pour les espaces métriques restent valables pour les espaces topologiques.

La seule chose que nous devons reprendre est l'étude des espaces produits.

3.3.8.1 Applications projections

Soit $\mathrm{E} = \prod\limits_{\mathrm{I}} \mathrm{E}_i$ un espace topologique produit, pour chaque $k \in \mathrm{I}$ on définit l'application projection $pr_k : \mathrm{E} \to \mathrm{E}_k$ par $pr_k((xlk)) = x_k$.
Chaque application pr_k est continue, en effet :
Soit O_k un ouvert de E_k, $pr_k^{-1}(\mathrm{O}_k) = \prod \Omega_i$ où $\Omega_i = \mathrm{E}_i$ si $i \neq k$ et $\Omega_k = \mathrm{O}_k$, c'est donc un ouvert (élémentaire) de E. F

3.3.8.2 Projection d'une application

Soient :

E un espace topologique
$\mathrm{F} = \prod \mathrm{F}_i$ un espace topologique produit
f une application de E dans F.
$x_0 \in \mathrm{F}$

Pour chaque $k \in \mathrm{I}$ on définit la projection de f :
$f_k = pr_k \circ f : \mathrm{E} \to \mathrm{F}_k$.
Alors :
f continue en $x_0 \Leftrightarrow$ chaque f_k est continue en x_0.
En effet :
Si f est continue en x_0 : $f_k = pr_k \circ f$ est aussi continue.
Si chaque f_k est continue en x_0 :
Soit $\Omega = \prod \Omega_i$ un voisinage élémentaire de $f(x_0) = (f_i(x_0))$, on a $\Omega_i = \mathrm{F}_i$ sauf pour un nombre fini d'indices $i_1, ..., i_n$.
f_{i_1} est continue en x_0 : il existe $\mathrm{U}_1 \in \mathcal{V}(x_0)$ tel que :

$x \in \mathrm{U}_1 \Rightarrow f_{i_1}(x) \in \Omega_{i_1}$.
...
f_{i_n} est continue en x_0 : il existe $\mathrm{U}_n \in \mathcal{V}(x_0)$ tel que
$x \in \mathrm{U}_n \Rightarrow f_{i_n}(x) \in \Omega_{i_n}$.
$\mathrm{U} = \mathrm{U}_1 \cap ... \cap \mathrm{U}_n \in \mathcal{V}(x_0)$ et $x \in \mathrm{U} \Rightarrow f(x) \in \Omega$.

3.3.8.3 Applications partielles

Soient :
$\mathrm{E} = \prod \mathrm{E}_i$ un espace topologique prosuit
F un espace topologique
f une application de E dans F.
$x^0 = (x_i^0)$ un point fixé de E.
Pour chaque $k \in \mathrm{I}$, on définit l'application partielle de f en x^0 :
$f_{x^0}^k : \mathrm{E}_k \to \mathrm{F}$ définie par :

$$f_{x^0}^k(x_k) = f(y) \quad \text{avec} \quad \begin{cases} y_i = x_i^0 & \text{si} \quad i \neq k \\ y_k = x_k \end{cases}$$

Alors :
f est continue en $x^0 \Rightarrow$ cahque $f_{x^0}^k$ est continue en x_k^0.
En effet : Soit V un voisinage de $f_{x^0}^k(x_k^0) = f(x^0)$, comme f est continue en x^0, il existe un voisinage élémentaire $\Omega = \prod \Omega_i$ de x_0 tel que
$x \in \Omega \Rightarrow f(x) \in \mathrm{V}$. Ω_k est ouvert, donc de x_k^0 et si $x_k \in \Omega_k : y \in \Omega$ donc $f_{x^0}^k(x_k^0) \in \mathrm{V}$.

3.3.9 Retour sur les suites

Dans un espace topologique E on définit une suite de la manière habituelle : toute application $u : \mathbb{N} \to \mathrm{E}$, et la suite est représentée par (u_n) avec $u_n = u(n)$.

3.3.9.1 Filtre élémentaire d'une suite

On appelle filtre élémentaire d'une suite (u_n), le filtre $\mathcal{F}$ image du filtre de Fréchet par l'applicatiuon u.
Pour chaque entier $p \geq 0$, posons $\sigma_p = \{u_n \,/\, n \geq p\} \subset \mathrm{E}$.

Théorème 3.11. $\mathcal{B} = \{\sigma_p\}_{p\geq 0}$ *est une base du filtre élémentaire* $\mathcal{F}$ *de* (u_n).

Démonstration. – $\mathcal{B}$ est bien une base de filtre, car :

- $\sigma_p \cap \sigma_q = \sigma_{\max(p,q)}$
- $\sigma_p \neq \Phi$

– Soit $A \in \mathcal{F}$, donc $A \supset u(X)$ où X est une partie cofinie de $\mathbb{N}$.

- Si $X = \mathbb{N} : u(X) = \{u_n\} = \sigma_0$, donc $A \supset \sigma_p$.
- Si $X \neq \mathbb{N}$: $\complement^X$ est fini non vide, donc possède un plus grand élément p, alors si $n > p : n \in X$ donc $u_n \in A$, d'où $A \supset \sigma_{p+1}$.

– Soit $B \supset \sigma_p : \sigma_p = u([p, \rightarrow))$ et $[p, \rightarrow)$ est une partie cofinie de $\mathbb{N}$, donc $B \in \mathcal{F}$. □

3.3.9.2 Convergence d'une suite

On dira qu'une suite (u_n) converge vers un point $a \in E$, si son filtre élémentaire converge vers a.
Ce qui se traduit par : $\mathcal{V}(a) \subset \mathcal{F}$.
C'est-à-dire :
Pour tout voisinage V de a, il existe p tel que $V \supset \sigma_p$.
Pour tout voisinage V de a, il existe p tel que $n \geq p \Rightarrow u_n \in V$.
On retrouve donc la définition usuelle donnée dans le cas des espaces métriques.
N.B. Si E est séparé, il y a unicité de la limite.
Si E n'est pas séparé, il peut y avoir plusieurs limites, par exemple dans le cas de la topologie simple, toute suite est convergente vers n'importe quoi.

3.3.10 Retour sur la complétude

Ici, il s'agit uniquement d'un espace métrique (E, d).

3.3.10.1 Filtre de Cauchy

– Un filtre $\mathcal{F}$ sur E est dit un filtre de Cauchy si .
Pour tout $\varepsilon > 0$, il existe $A \in \mathcal{F}$ tel que $D(A) \leq \varepsilon$.

Remarque 3.7. – *Tout filtre plus fin qu'un filtre de Cauchy est un filtre de Cauchy.*

– *Pour tout $x \in \mathrm{E}$, $\mathcal{V}(x)$ est un filtre de Cauchy, car :* $\mathrm{D}\left(\mathrm{B}(x, \frac{\varepsilon}{2}]\right) \leq \varepsilon$.

– *Il en résulte que tout filtre convergent est un filtre de Cauchy.*

3.3.10.2 Suite de Cauchy

Une suite (u_n) est dite une suite de Cauchy, si son filtre élémentaire est un filtre de Cauchy. Ce qui signifie :
Pour tout $\varepsilon > 0$, il existe p tel que $\mathrm{D}(\sigma_p) \leq \varepsilon$.
C'est-à-dire :
Pour tout $\varepsilon > 0$, il existe p tel que si $n', n'' \geq p : d(u_{n'}, u_{n''}) \leq \varepsilon$.
On retrouve bien la définition usuelle des suites de Cauchy.

Théorème 3.12. *Dans un espace métrique complet, tout filtre de Cauchy est convergent.*

Démonstration. Soit $\mathcal{F}$ un filtre de Cauchy, pour chaque entier $n > 0$ il existe $\mathrm{A}_n \in \mathcal{F}$ tel que $\mathrm{D}(\mathrm{A}_n) \leq \frac{1}{n}$.
Choisissons un point x_n dans chaque A_n.
Soit $\varepsilon > 0$, prenons un entier $p \geq \frac{\varepsilon}{2}$ et soient $n', n'' \geq p$,
fixons $y \in \mathrm{A}_{n'} \cap \mathrm{A}_{n''}$:
$d(x_{n'}, x_{n''}) \leq d(x_{n'}, y) + d(y, x_{n''}) \leq \frac{1}{n'} + \frac{1}{n''} \leq \frac{2}{p} \leq \varepsilon$.
Donc (x_n) est une suite de Cauchy, donc elle converge vers un point x.
Soit $\mathrm{V} \in \mathcal{V}(x)$, il existe $r > 0$ tel que $\mathrm{V} \supset \mathrm{B}(x, r]$.
Par ailleurs, il existe N tel que si $n \geq \mathrm{N} : d(x_n, x) \leq \frac{r}{2}$.
Prenons $n \geq Max\left(\mathrm{N}, \frac{r}{2}\right)$, soit $y \in \mathrm{A}_n$:
$d(x, y) \leq d(x, x_n) + d(x_n, y) \leq \frac{r}{2} + \frac{1}{n} \leq r$.
Donc $\mathrm{A}_n \subset \mathrm{B}(x, r] \subset \mathrm{V}$, donc $\mathrm{V} \in \mathcal{F}$.
$\mathcal{V}(x) \subset \mathcal{F}$, donc $\mathcal{F}$ converge vers x. □

3.3.11 Retour sur la limite d'une fonction en un point

Soient :
deux espaces topologiques E, F
Une application $f : \mathrm{E} \to \mathrm{F}$
A une partie non vide de E
x_0 un point fixé de $\overline{\mathrm{A}}$.

Définition 3.4. *On dira que $f(x)$ a une limite y losque x tend vers x_0 sur* A *si :*
$y = \lim_{\mathcal{F}} f$ *où $\mathcal{F}$ est le filtre induit par $\mathcal{V}(x_0)$ sur* A.

Traduction

On peut parler du filtre induit par $\mathcal{V}(x_0)$ sur A car $x_0 \in \overline{\mathrm{A}}$.
La définition précédente se traduit alors comme suit :
Pour tout voisinage V de y, il existe $\mathrm{U} \in \mathcal{V}(x_0)$ tel que : $f(\mathrm{U} \cap \mathrm{A}) \subset \mathrm{V}$.
Pour tout voisinage V de y, il existe $\mathrm{U} \in \mathcal{V}(x_0)$ tel que : $x \in \mathrm{U} \cap \mathrm{A} \Rightarrow f(x) \in \mathrm{V}$.
Ici encore, on retrouve la définition donnée dans le cas des espaces métriques.
N.B. Si F est séparé, il y a unicité de la limite.

3.3.11.1 Cas particulier

Supposons que F soit un espace **métrique complet** :

$\lim\limits_{\substack{x \to x_0 \\ x \in \mathrm{A}}} f(x)$ existe $\Leftrightarrow$ le filtre image de $\mathcal{F}$ par f converge dans F.

$\Leftrightarrow$ le filtre image de $\mathcal{F}$ par f est donc de Cauchy.
$\Leftrightarrow$ Pour tout $\varepsilon > 0$, il existe $\mathrm{U} \in \mathcal{V}(x_0)$ tel que $\mathrm{D}(f(\mathrm{U} \cap \mathrm{A})) \leq \varepsilon$
$\Leftrightarrow$ Pour tout $\varepsilon > 0$, il existe $\mathrm{U} \in \mathcal{V}(x_0)$ tel que : $x', x'' \in \mathrm{U} \cap \mathrm{A} \Rightarrow d(f(x'), f(x'')) \leq \varepsilon$

L'intérêt de cette traduction est qu'elle ne fait pas intervenir la valeur de la limite (comme pour les suites de Cauchy).

3.3.11.2 Prolongement par continuité

Ce qui a été dit pour les espaces métriques reste valable pour les espaces topologiques sous réserve de deux conditions supplémentaires :

Soient : E un espace topologique quelconque
E′ un espace topologique **séparé** et **régulier**
A une partie partout dense dans E
f une application de A dans E′ continue sur A.

Alors :

f admet une prolongement continu sur E (et un seul) si et seulement si :

pour tout $x_0 \in \mathrm{E} - \mathrm{A}$, $\lim\limits_{\substack{x \to x_0 \\ x \in \mathrm{A}}} f(x)$ existe.

Le prolongement g obtenu est : $g(x = \lim\limits_{\substack{x' \to x \\ x \in \mathrm{A}}} f(x')$.

3.3.12 Prolongement par continuité uniforme

Ici il ne s'agit que d'espaces métriques.

Soients :(E, d) un espace métrique quelconque
(E', d') un espace métrique **complet**
A une partie partout dense dans E
f une application de A dans E′ uniformément continue sur A.

Théorème 3.13. *f admet un prolongement et un seul qui soit uniformément continu sur* E.

Démonstration. 1) On montre d'abord l'existence (et l'unicité) d'un prolongement continu.

Soit $x_0 \in \mathrm{E} - \mathrm{A}$, et Soit $\varepsilon > 0$.

f est uniformément continu sur A : il existe $\eta(\varepsilon) > 0$ tel que si $x', x'' \in \mathrm{A}$ et $d(x', x'') \leq \eta(\varepsilon) : d'(f(x'), f(x'')) \leq \varepsilon$.

Soit $\mathrm{U} = \mathrm{B}(x_0, \frac{1}{2}\eta(\varepsilon)] \in \mathcal{V}(x_0)$, si $x', x'' \in \mathrm{U} \cap \mathrm{A}$:

$d(x', x'') \leq \mathrm{D}(\mathrm{U}) \leq \eta(\varepsilon)$, donc $d'(f(x'), f(x'')) \leq \varepsilon$.

Ceci prouve (car E′ est complet) l'existence de $\lim\limits_{\substack{x \to x_0 \\ x \in \mathrm{A}}} f(x)$, et par

suite l'existence d'un prolongement continu g.
2) On montre que g est uniformément continu sur E.
Pour tout $x \in \mathrm{E} : g(x) = \lim_{\substack{y \to x \\ y \in \mathrm{A}}} f(y)$, ce qui se traduit par :
Pour chaque $x \in \mathrm{E}$, pour $\varepsilon > 0$, il existe $\eta'(\varepsilon, x)$ tel que si $y \in \mathrm{A}$ et $d(x, y) \leq \eta'(\varepsilon, x) : d'(g(x), f(y)) \leq \varepsilon$.
Soient alors $x', x'' \in \mathrm{E}$ tels que $d(x', x'') \leq \frac{1}{2}\eta\left(\frac{\varepsilon}{3}\right)$.
$x' \in \overline{\mathrm{A}}$, donc il existe $y' \in \mathrm{A}$ tel que $d(x', y') \leq Min\left[\frac{1}{4}\eta\left(\frac{\varepsilon}{3}\right), \eta'\left(\frac{\varepsilon}{3}, x'\right)\right]$.
$x'' \in \overline{\mathrm{A}}$, donc il existe $y'' \in \mathrm{A}$ tel que $d(x'', y') \leq Min\left[\frac{1}{4}\eta\left(\frac{\varepsilon}{3}\right), \eta'\left(\frac{\varepsilon}{3}, x''\right)\right]$.
$d(y', y'') \leq d(y', x') + d(x', x'') + d(x'', y') \leq \frac{1}{4}\eta\left(\frac{\varepsilon}{3}\right) + \frac{1}{2}\eta\left(\frac{\varepsilon}{3}\right) + \frac{1}{4}\eta\left(\frac{\varepsilon}{3}\right) = \eta\left(\frac{\varepsilon}{3}\right)$.
Donc $d'(f(y'), f(y'')) \leq \frac{\varepsilon}{3}$.
$d(x', y') \leq \eta'\left(\frac{\varepsilon}{3}, x'\right)$ donc $d'(g(x'), f(y')) \leq \frac{\varepsilon}{3}$.
$d(x'', y'') \leq \eta'\left(\frac{\varepsilon}{3}, x''\right)$ donc $d'(g(x''), f(y'')) \leq \frac{\varepsilon}{3}$.
D'où

$$d'(g(x'), g(x'')) \leq d'(g(x'), f(y')) + d'(f(y'), f(y'')) + d'(g(y''), f(x'')) \leq \varepsilon$$

Donc g est uniformément continue sur E. □

3.4 Compléments sur la connexité et la compacité

3.4.1 Retour sur la connexité

Dans un espace topologique $(\mathrm{E}, \mathcal{V})$, les définitions et les propriétés topologiques de la connexité sont exactement les mêmes que dans un espace métrique.
Rappelons en pariculier le résultat suivant :
Il y a équivalence entre :

1) E est connexe.
2) Toute application continue de E dans U est constante.
   U étant l'ensemble $\{0, 1\}$ muni de la topologie discrète.

Nous allons simplement généraliser la connexité pour un produit quelconque d'espaces topologiques.
Soit $\mathrm{E} = \prod\limits_{\mathrm{I}} \mathrm{E}_i$ un espace topologique produit.

Théorème 3.14. *Il y a équivalence entre :*

1) E *est connexe.*

2) *Chaque espace* E_i *est connexe.*
(Autrement dit tout produit d'espaces connexes l'est aussi)

Démonstration.

1) $\Rightarrow$ 2) car $\mathrm{E}_i = pr_i(\mathrm{E})$ et pr_i est continue.

2) $\Rightarrow$ 1) Supposons tous les E_i sont connexes et soit f une application continue de E dans U.
Fixons un point $a = (a_i)$ de E, pour $k \in \mathrm{I}$ soit f_a^k l'application partielle en $f_a^k : \mathrm{E}_k \to \mathrm{U}$.
$$f_a^k(x_k) = f(y) \text{ où } y = (y_i) \text{ avec } \begin{cases} y_i = a_i & \text{si } i \neq k \\ y_k = x_k \end{cases}$$
On sait que f_a^k est continue sur E_k, donc f_a^k est constante, en particulier :
$f_a^k(x_k) = f_a^k(a_k)$ pour tout x_k.
Ceci étant vrai pour tout k, on a donc :
$f(y) = f(a)$ avec les relations précédentes. a étant quelconque :
$f(x) = f(y)$ lorsque x et y ne diffèrent que par une composante.
Appelons F l'ensemble des $x = (x_i)$ avec $x_i = a_i$ presque partout (i.e sauf pour un nombre fini d'indices).
Soit $x \in \mathrm{F}$, $x = (x_i)$, $x_i = a_i$ saut pour $i_1, ..., i_n$.
$$\text{Posons } y^1 = (y_i^1) \text{ avec } \begin{cases} y_i^1 = a_i & \text{sauf pour } i_2, ..., i_n \\ y_{i_2}^1 = x_{i_2}, ..., y_{i_n}^1 = x_{i_n} \end{cases}$$
On a $f(x) = f(y^1)$.
$$\text{Posons } y^2 = (y_i^2) \text{ avec } \begin{cases} y_i^2 = a_i & \text{sauf pour } i_3, ..., i_n \\ y_{i_2}^2 = x_{i_3}, ..., y_{i_n}^2 = x_{i_n} \end{cases}$$
On a $f(y^2) = f(y^1) = f(x)$.
etc..., on aboutit ainsi à $f(x) = f(a)$. Donc f est constante sur F.
Par ailleurs, F est partout dense dans E, en effet :

Soient $x = (x_i) \in \mathrm{E}$ et $\Omega = \prod \Omega_i$ un voisinage élémentaire de x. $\Omega_i = \mathrm{E}_i$ sauf pour $i_1, ..., i_n$. Posons alors $y = (y_i)$ avec $y_i = a_i$ sauf $y_{i_1} = x_{i_1}, ..., y_{i_n} = x_{i_n}$. On a $y \in \Omega \cap \mathrm{F}$, d'où $x \in \overline{\mathrm{F}}$.
Il en résulte que f est constante sur E (unicité d'un prolongement continu), et donc E est connexe. □

3.4.2 Retour sur la compacité

La notion de compacité n'est définie que pour les espaces topologiques séparés (sinon il s'agit de quasi-compacité que nous n'étudierons pas).
Dans un espace topologique séparé quelconque $(\mathrm{E}, \mathcal{V})$, les définitions et les propriétés topologiques de la compacité dans le cas des espaces métriques restent valables.
Rapellons que la compacité de E est définie soit par l'axiome de Borel-Lebesgue.

c) De tout recouvrement ouvert on peut extraire un sous recouvrement fini.
Soit par l'axiome équivalent :

c') De toute famille de fermés dont l'intersection est vide, on peut extraire une sous-famille finie dont l'intersection est vide.

On peut maintenant ajouter :

Théorème 3.15. *L'axiome c' (ou c) est aquivalent à : l'axiome.*
c'') Tout ultrafiltre de E *est convergent.*

Démonstration.

$c') \Rightarrow c'')$ Soit $\mathcal{U}$ un ultrafiltre, posons $\mathrm{B} = \bigcap_{\mathrm{A} \in \mathcal{U}} \overline{\mathrm{A}}$.
Si $\mathrm{B} = \Phi$: d'après c' on aurait $\overline{\mathrm{A}}_1 \cap ... \cap \overline{\mathrm{A}}_n = \Phi$,donc à fortiori $\mathrm{A}_1 \cap ... \cap \mathrm{A}_n = \Phi$ avec $\mathrm{A}_i \in \mathcal{U}$, ce qui est impossible.
Donc $\mathrm{B} \neq \Phi$, soit alors $x \in \mathrm{B}$ et soit $\mathrm{V} \in \mathcal{V}(x)$. Supposons $\mathrm{V} \notin \mathcal{U}$, alors $\complement^{\mathrm{V}} \in \mathcal{U}$, donc $x \in \overline{\complement^{\mathrm{V}}}$ ce qui est absurde car $x \in \overset{\circ}{\mathrm{V}}$, donc $\mathrm{V} \in \mathcal{U}$. Ainsi $\mathcal{V}(x) \subset \mathcal{U}$, donc $\mathcal{U}_{\overline{\complement^{\mathrm{V}}}} \to x$ (il en résulte à postériori que $\mathrm{B} = \{x\}$, car E est séparé).

$c'') \Rightarrow c')$ Soit $(F_i)_I$ une famille de fermée telle que $\cap F_i = \Phi$.
Raisonnons par l'absurde, supposons qu'aucune sous-famille finie n'ait une intersection vide, donc la famille (F_i) est compatible, elle engendre un filtre $\mathcal{F}$ qui est contenu dans un ultrafiltre $\mathcal{U}$, donc pour tout i, $F_i \in \mathcal{U}$.
Par hypothèse, $\mathcal{U}$ converge vers un point x : $\mathcal{V}(x) \subset \mathcal{U}$.
Si $V \in \mathcal{V}(x)$, pour tout i : $V \cap F_i \in \mathcal{U}$, donc $V \cap F_i \neq \Phi$, donc $x \in \overline{F_i}$, soit $x \in F_i$, ce qui est contradictoire. $\left(\overline{F_i} = F_i \text{ fermé}\right)$.

□

Ce nouvel axiome va permettre d'étudier très facilement la compacité pour les espaces produits.
Soit $E = \prod E_i$ un espace topologique produit (d'espaces séparés).

Théorème 3.16 (Théorème de Tychonoff). *Il y a équivalence entre :*

1) E *est compact.*
2) *Chaque* E_i *est compact. (Tout produit d'espaces compacts l'est aussi).*

Démonstration.

$1) \Rightarrow 2)$ car $E_i = pr_i(E)$ et pr_i est continu.

$2) \Rightarrow 1)$ Soit $\mathcal{U}$ un ultrafiltre de E et soient $\mathcal{U}_i$ les filtres projections sur chaque E_i. Les $\mathcal{U}_i$ sont aussi des ultrafiltres :
Soit $A \subset E_i$ et supposons $A \notin \mathcal{U}_i$, $A \supset pr_i\left(pr_i^{-1}(A)\right)$, donc $pr_i^{-1}(A) \notin \mathcal{U}$, donc $\complement^{pr_i^{-1}(A)} = pr_i^{-1}\left(\complement^A\right) \in \mathcal{U}$, d'où $\complement^A \in \mathcal{U}$.
Par hypothèse, tous les $\mathcal{U}_i$ convergent, donc $\mathcal{U}$ converge.

□

Nous pouvons maintenant ajouter un certain nombre de propriétés pour les espaces topologiques généraux, qui sont trivialement vérifiées pour les espaces métriques.

Théorème 3.17. *Si* A *et* B *sont deux parties compactes disjointes, il existe deux ouverts disjoints* U *et* V *tels que* $A \subset U$ *et* $B \subset V$.

Démonstration. Fixonx d'abord $y \in \mathrm{B}$, pour chaque $x \in \mathrm{A}$, $x \neq y$, donc il existe $\mathrm{V}_x \in \mathcal{V}(x)$ et $\mathrm{W}_x \in \mathcal{V}(y)$ tels que $\mathrm{V}_x \cap \mathrm{W}_x = \Phi$, d'où $x \notin \overline{\mathrm{W}_x}$. Par suite :
$\mathrm{A} \subset \bigcup\limits_{x \in \mathrm{A}} \complement^{\overline{\mathrm{W}_x}}$ et A étant complet : $\mathrm{A} \subset \complement^{\overline{\mathrm{W}_{x1}}} \cup \ldots \cup \complement^{\overline{\mathrm{W}_{xn}}}$.
Posons : $\mathrm{U}_y = \complement^{\overline{\mathrm{W}_{x1}}} \cup \ldots \cup \complement^{\overline{\mathrm{W}_{xn}}}$, c'est un ouvert et $\mathrm{A} \subset \mathrm{U}_y$.
$\mathrm{V}_y = \mathring{\mathrm{W}}_{x_1} \cap \ldots \cap \mathring{\mathrm{W}}_{x_n}$, c'est un ouvert et $y \in \mathrm{V}_y$.
Pour chaque $y \in \mathrm{B}$ on définit ainsi U_y et V_y.
$\mathrm{B} \subset \bigcup\limits_{y \in \mathrm{B}} \mathrm{V}_y$ et B étant compact : $\mathrm{B} \subset \mathrm{V}_{y_1} \cup \ldots \cup \mathrm{V}_{y_p}$.
Posons $\mathrm{V} = \mathrm{V}_{y_1} \cup \ldots \cup \mathrm{V}_{y_p}$ et $\mathrm{U} = \mathrm{U}_{y_1} \cap \ldots \cap \mathrm{U}_{y_p}$ ce sont des ouverts, on a bien $\mathrm{A} \subset \mathrm{U}$ et $\mathrm{B} \subset \mathrm{V}$. En outre $\mathrm{U} \cap \mathrm{V} = \Phi$ car :
$\mathrm{V}_y \subset \overline{\mathrm{W}}_{x_1} \cap \ldots \cap \overline{\mathrm{W}}_{x_n} = \complement^{\mathrm{U}_y}$, donc pour tout y, $\mathrm{U}_y \cap \mathrm{V}_y = \Phi$. □

N.B. Dans le cas d'un espace métrique (ou métrisable), nous savons que ce résultat est vrai en supposant simplement A et B fermés.

Théorème 3.18. *1. Tout espace compact est régulier.*

2. Tout espace localement compact est régulier.

Démonstration. 1. Si E est compact, soient $x \in \mathrm{E}$ et $\mathrm{V} \in \mathcal{V}(x)$.
Posons $\mathrm{A} = \complement^{\mathring{\mathrm{V}}}$, A est fermé donc compact, $\{x\}$ est aussi compact et $\mathrm{A} \cap \{x\} = \Phi \left(x \in \mathring{\mathrm{V}}\right)$, donc il existe deux ouverts $\mathrm{U}_1, \mathrm{U}_2$ tels que :
$\mathrm{A} \subset \mathrm{U}_1$, $x \in \mathrm{U}_2, \mathrm{U}_1 \cap \mathrm{U}_2 = \Phi$. On en déduit :
$\mathrm{U}_2 \subset \complement^{\mathrm{U}_1} \subset \complement^{\mathrm{A}} = \mathring{\mathrm{V}}$, donc $\overline{\mathrm{U}}_2 \subset \complement^{\mathrm{U}_1} \subset \mathring{\mathrm{V}} \subset \mathrm{V}$ et $\overline{\mathrm{U}}_2$ est un voisinage fermé de x.
2. Si E est localement compact, soient $x \in \mathrm{E}$ et $\mathrm{V} \in \mathcal{V}(x)$.
x possède un voisinage compact U, le sous-espace U est donc régulier, or $\mathrm{V} \cap \mathrm{U} \in \mathcal{V}_{\mathrm{U}}(x)$, donc $\mathrm{V} \cap \mathrm{U} \supset \mathrm{W}$ avec $\mathrm{W} \in \mathcal{V}_{\mathrm{U}}(x)$ et W fermé sur U, c'est-à-dire simplement W fermé.
$\mathrm{W} = \mathrm{W}' \cap \mathrm{U}$ avec $\mathrm{W}' \in \mathcal{V}(x)$, donc $\mathrm{W} \in \mathcal{V}(x)$ et $\mathrm{V} \supset \mathrm{W}$. □

3.4.3 Retour sur la précompacité.

Bien entendu, il s'agit ici d'un espace métrique (E, d).
Rappelons la définition de la précompacité :

PC) Pour tout $\varepsilon > 0$, il existe un recouvrement fini $E = \bigcup_{i}^{n} A_i$, avec $D(A_i) \leq \varepsilon$.

Théorème 3.19. *L'axiome* PC *est aquivalent à :*
Tout ultrafiltre de E *est un filtre de Cauchy.*

Démonstration. 1) Si on a PC, soit $\mathcal{U}$ un ultrafiltre et soit $\varepsilon > 0$.
Soit $E = \bigcup_{i}^{n} A_i$ avec $D(A_i) \leq \varepsilon$.

Supposons que pour tout i, $A_i \notin \mathcal{U}$, alors $\complement^{A_i} \in \mathcal{U}$, donc $\bigcap_{1}^{n} \complement^{A_i} = \Phi \in \mathcal{U}$, ce qui est absurde. Donc il existe i tel que $A_i \in \mathcal{U}$: $\mathcal{U}$ est un filtre de Cauchy.
2) Si tout ultrafiltre est un filtre de Cauchy, soit $\varepsilon > 0$.
Soit $\mathcal{G}$ l'ensemble des parties A de E telles que $D\left(\complement^{A}\right) \leq \varepsilon$.
Si $\mathcal{G}$ est compatible, $\mathcal{G}$ engendre un filtre $\mathcal{F}$ contenu dans un ultrafiltre $\mathcal{U}$. $\mathcal{U}$ est un filtre de Cauchy, donc il existe $B \in \mathcal{U}$ avec $D(B) \leq \varepsilon$.
$\complement^{B} \notin \mathcal{U}$, donc $\complement^{B} \notin \mathcal{G}$, donc $D(B) > \varepsilon$, ce qui est contradictoire.
Donc $\mathcal{G}$ est incompatible : il existe $A_1, ..., A_n \in \mathcal{G}$ tels que
$A_1 \cap ... \cap A_n = \Phi$, d'où $E = \bigcup_{i}^{n} A_i$ avec $D\left(\complement^{A_i}\right) \leq \varepsilon$. □

Remarque 3.8. *Ceci permet de montrer très facilement l'équivalence entre :*
1) E *est compact.*
2) E *est précompact et complet.*
En traduisant la compacité par : tout ultrafiltre est convergent.

Théorème 3.20. *Tout espace précompact est séparable*

Démonstration. Pour chaque entier $n \geq 1$ on peut écrire $E = \bigcup_{i}^{p_n} A_i^n$ avec $D(A_i^n) \leq \frac{1}{n}$. n étant fixé, pour chaque i choisissons $x_i^n \in A_i^n$, et soit :
$B_n = \left\{x_1^n, ..., x_{p_n}^n\right\}$.
Posons $B = \bigcup_{1}^{+\infty} B_n$, c'est un ensemble dénombrable.
Soit $x \in E$ et soit $V \in \mathcal{V}(x)$: $V \supset B(x, r]$. Posons $n \geq \frac{1}{r}$, il existe i tel que $x \in A_i^n$, donc $d(x, x_i^n) \leq \frac{1}{n} \leq r$, donc $x_i^n \in B \cap V$: $B \cap V \neq \Phi$ donc $x \in \overline{B}$, B est partout dense. □

Chapitre 4

Espaces vectoriels Normés

4.1 généralités

Dans tout ce chapitre les espaces vectoriels considérés ont pour corps des scalaires $\mathbb{R}$ ou $\mathbb{C}$, si λ est un scalaire $|\lambda|$ ("module" de λ) désignera suivant le cas la valeur absolue ou (le module au sens habituel des nombres complexes).

Rappels

Une norme sur un espace vectoriel E est une application $x \mapsto \|x\|$ de E dans $\mathbb{R}$ vérifiant :

N.1) $\|x\| \geq 0$

N.2) $\|x\| = 0 \Longleftrightarrow x = 0$

N.3) $\|\lambda x\| = |\lambda| \, \|x\|$

N.4) $\|x + y\| \leq \|x\| + \|y\|$

A une norme $\| \cdot \|$ sera toujours associée la distance :

$$d\,(x, y) = \|x - y\|$$

ainsi que la topologie engendrée par cette distance.

Un espace normé qui est complet pour la distance associée est appelé un espace de Banach.

4.1.1 Propriétés élémentaires.

Soit E un espace normé

Théorème 4.1. *a) L'application* $(x, y) \mapsto x + y$ *est uniformément continue*

b) Toute translation $x \mapsto x+a$ *est un homéomorphisme bi-uniformément continu.*

c) Toute homothétie $x \mapsto \lambda x$ $(\lambda \neq 0)$ *est un homéomorphisme bi-uniformément continu.*

Démonstration. a) $\|(x + y) - (x' + y')\| = \|(x + x')\, y - (+y')\| \leq \|x - x'\| + \|y - y'\| \leq 2\text{Max}\,(\|x - x'\|, \|y - y'\|)$.
Cette application est donc lipschitzienne de E × E (avec la norme produit dans E).

b) Une translation est évidemment bijective et :
$\|(x + a) - (x' + a)\| = \|x - x'\|$

c) Si $\lambda \neq 0$, une homothétie est bijective et $\|\lambda x - \lambda x'\| = |\lambda|\, \|x - x'\|$.
□

Théorème 4.2. *a)* $\overline{\text{B}(a, r[} = \text{B}(a, r]$

b) $\overset{\circ}{\widehat{\text{B}(a, r]}} = \text{B}(a, r[$

c) $\text{Fr}\,(\text{B}(a, r]) = \text{Fr}\,(\text{B}(a, r[) = \text{S}\,(a, r)$

d) $\text{D}\,(\text{B}(a, r]) = \text{D}\,(\text{B}(a, r[) = 2r.$

Démonstration. a) On sait déja que $\overline{\text{B}(a, r[} \subset \text{B}(a, r]$.
Soit $x \in \text{B}(a, r]$, on peut supposer $x \in \text{S}\,(a, r)$ (sinon $x \in \text{B}(a, r[$), donc $\|x - a\| = r$.
Soit $\text{B}(x, \rho[$ une boule de centre x et cherchons $y \in \overline{ax}$ tel que $y \in \text{B}(a, r[\cap \text{B}(x, \rho[$ $y = ta + (1 - t)\, x$, $t \in [0, 1]$.

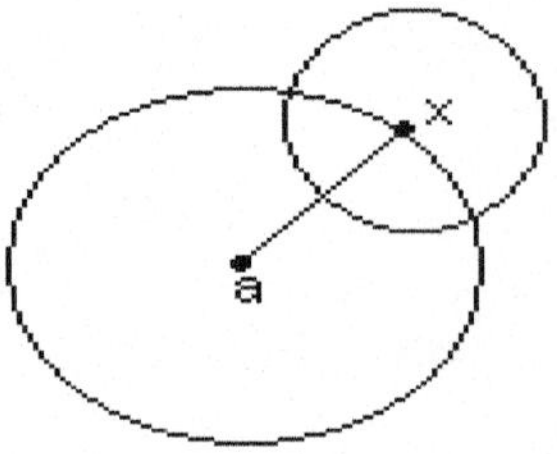

$y - a = (1-t)\,(x-a)$, $\|y-a\| = (1-t)\,r$
$y - x = t\,(a-x)$, $\|y-x\| = tr$.
Donc il suffit de chercher t tel que $0 < t < \frac{\rho}{r}$.
D'où $x \in \overline{\mathrm{B}(a,r[}$.

b) On sait déjà que $\mathrm{B}(a,r[\subset \overset{\circ}{\widehat{\mathrm{B}(a,r]}}$.
Soit $x \in \overset{\circ}{\widehat{\mathrm{B}(a,r]}}$: il existe ρ tel que $\mathrm{B}(x,\rho[\subset \mathrm{B}(a,r]$.
Si $x = a$: $x \in \mathrm{B}(a,r[$. Si $x \neq a$: posons $y = x + \frac{\rho}{2}\cdot\dfrac{x-a}{\|x-a\|}$.

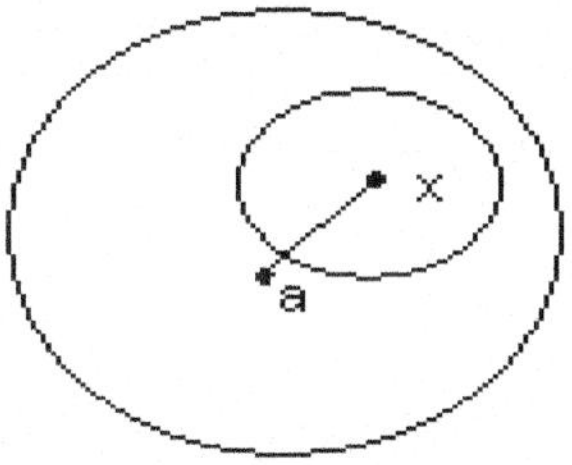

$\|y - x = \|\frac{\rho}{2} < \rho$, donc $y \in \mathrm{B}(x,\rho[$, donc $y \in \mathrm{B}(a,r]$.
$y - a = \left(1 + \frac{\rho}{2\|x-a\|}\right)(x-a)$.
$\|y-a\| = \left(1 + \frac{\rho}{2\|x-a\|}\right)\|x-a\| = \|x-a\| + \frac{\rho}{2}$.
Donc $\|x-a\| = \|y-a\| - \frac{\rho}{2} \leq r - \frac{\rho}{2} < r : x \in \mathrm{B}(a,r[$.

c) $\mathrm{F}r\,(\mathrm{B}(a,r[) = \overline{\mathrm{B}(a,r[} \cap \overline{\complement \mathrm{B}(a,r[} = \mathrm{B}(a,r] \cap \complement \mathrm{B}(a,r[= \mathrm{S}\,(a,r)$.
$\mathrm{B}(a,r] = \mathrm{B}(a,r[\cup \mathrm{S}\,(a,r) = \overset{\circ}{\widehat{\mathrm{B}(a,r]}} \cup \mathrm{S}\,(a,r)$.
Donc $\mathrm{S}\,(a,r) = \mathrm{F}r\,(\mathrm{B}(a,r])$ $\left(\overline{\mathrm{A}} = \overset{\circ}{\mathrm{A}} \cup \mathrm{F}r\,(\mathrm{A})\right)$.

d) On sait déjà : $\mathrm{D}\,(\mathrm{B}(a,r[) \leq \mathrm{D}\,(\mathrm{B}(a,r]) \leq 2r$.
Soit $\varepsilon > 0$ tel que $\varepsilon < r$: il existe $x \in \mathrm{E}$ tel que $\|x\| = r - \varepsilon$,
Posons

$$y = a + x$$
$$z = a - x$$

$\|y-a\| = \|z-a\| = \|x\| = r - \varepsilon < r$, donc $y, z \in \mathrm{B}(a,r[$.
$d\,(y,z) = \|y-z\| = 2\,\|x\| = 2r - 2\varepsilon$.

Donc $2r - 2\varepsilon \leq \mathrm{D}\left(\mathrm{B}(a, r[) \leq 2r\right.$. Ceci pour tout $\varepsilon > 0$, donc $\mathrm{D}\left(\mathrm{B}(a, r[) = 2r\right.$ □

4.1.2 Continuité des applications multilinéaires

Soit les espaces normés $\mathrm{E}_1, \cdots, \mathrm{E}_n, \mathrm{F}$ (sur le même corps, $\mathbb{R}$ ou $\mathbb{C}$). On peut construire l'espace vectoriel produit $\mathrm{E} = \mathrm{E}_1 \times \ldots \times \mathrm{E}_n$, avec les opérations habituelles. On pourra parler d'application multilinéaire d'ordre n, f, de E dans F : $(x_1, \ldots x_n) \mapsto f(x_1, \ldots x_n)$ (i.e f est linéaire par rapport chaque vecteur x_i).
On peut également munir E de la norme produit :

$$\|(x_1, \ldots x_n)\| = \max_i (\|x_i\|) .$$

On a alors le résultat suivant :

Théorème 4.3. *Si f est une application multilinéaire d'ordre n de* E *dans* F, *les propositions suivantes sont équivalentes :*

1. *f est continue sur* E.
2. *f est continue en* $(0, 0, \ldots, 0)$.
3. *Il existe une constante $\alpha > 0$ telle que quel que soit* $(x_1, \ldots x_n)$

$$\|f(x_1, \ldots x_n)\| \leq \alpha \cdot \|x_1\| \cdot \|x_2\| \cdot \ldots \cdot \|x_n\| .$$

Démonstration. 1) ⇒ 2) : Trivial.
2) ⇒ 3) : Si f est continue en $(0, 0, \ldots, 0)$: il existe $\eta > 0$ tel que si pour tout i, $\|x_i\| \leq \eta$, alors $\|f(x_1, \ldots x_n)\| \leq 1$.
Soit alors $(x_1, \ldots x_n)$ quelconque, mais on peut supposer que pour tout i, $x_i \neq 0$ (sinon $f(x_1, \ldots x_n) = 0$).
Posons $y_i = \eta \frac{x_i}{\|x_i\|}$, donc $\|y_i\| = \eta$, donc $\|f(y_1, \ldots y_n)\| \leq 1$.
Or $f(y_1, \ldots y_n) = \frac{\eta^n}{\|x_1\| \cdot \ldots \cdot \|x_n\|} f(x_1, \ldots x_n)$.
D'où $\|f(x_1, \ldots, x_n)\| \leq \frac{1}{\eta^n} \|x_1\| \cdot \ldots \cdot \|x_n\|$.
3) ⇒ 1) : Etudions la continuité en un point quelconque $(a_1, \ldots, a_n)$ de E.
Si $(x_1, \ldots x_n) \in \mathrm{E}$, posons $\triangle = f(x_1, \ldots x_n) - f(a_1, \ldots, a_n)$.

Posons : $\begin{cases} \triangle_1 = f(x_1, ..., x_n) - f(a_1, x_2, ..., x_n) \\ \triangle_2 = f(a_1, x_2, x_3, ..., x_n) - f(a_1, a_2, x_3, ..., x_n) \\ .... \\ \triangle_n = f(a_1, ..., a_{n-1}, x_n) - f(a_1, ..., a_n) \end{cases}$.

On a $\triangle = \triangle_1 + \triangle_2 + ... + \triangle_n$.

Etudions $\triangle_i$:

$$\begin{aligned} \triangle_i &= f(a_1, ..., a_{i-1}, x_i, x_{i+1}, ..., x_n) - f(a_1, ..., a_{i-1}, a_i, x_{i+1}, ..., x_n) \\ &= f(a_1, ..., a_{i-1}, x_i - a_i, x_{i+1}, ..., x_n) \end{aligned}$$

Donc, par hypothèse :

$$\|\triangle_i\| \leq \alpha \|a_1\| \cdot ... \cdot \|a_{i-1}\| \cdot \|x_i - a_i\| \cdot \|x_{i+1}\| \cdot ... \cdot \|x_n\|.$$

Posons

$$\begin{aligned} \mathrm{M} &= \|(a_1, ..., a_n)\| = \max_i (\|x_i\|), \text{ c'est une constante.} \\ \delta &= \|(x_1, ..., x_n) - (a_1, ..., a_n)\| = \max_i (\|x_i - a_i\|) \end{aligned}$$

Si $k \leq i - 1$: $\|a_k\| \leq \mathrm{M} < \mathrm{M} + \delta$.

Si $k = i$: $\|x_i - a_i\| \leq \delta$.

Si $k \geq i + 1$: $\|x_k\| = \|a_k + (x_k - a_k)\| \leq \mathrm{M} + \delta$.

D'où $\|\triangle_i\| \leq \alpha\delta (\mathrm{M} + \delta)^{n-1}$.

Par suite $\|\triangle\| \leq n\alpha\delta (\mathrm{M} + \delta)^{n-1}$.

Soit alors $\varepsilon > 0$, prenons $\delta \leq Min \left[1, \frac{\varepsilon}{n\alpha(\mathrm{M}+1)^{n-1}}\right]$.

On a alors :

$$\|\triangle\| \leq n\alpha\delta (\mathrm{M} + 1)^{n-1} \leq \varepsilon.$$

Ce qui établit la continuité. □

4.1.3 Continuité des applications linéaires

Soient E, F deux espaces normés (sur le même corps), le résultat précédent s'applique en particulier aux applications linéaires de E dans F, mais on peut préciser encore d'avantage.

Théorème 4.4. *Si f est application linéaire de* E *dans* F*, les* 7 *propositions suivantes sont équivalentes :*

1. *f est continue sur* E.
2. *f est continue en* 0.
3. *Il existe une constante $\alpha > 0$ tel que pour tout* $x : \|f(x)\| \leq \alpha \|x\|$.
4. *f est bornée sur toute boule.*
5. *f est bornée sur la boule unité* $\mathrm{B}(0,1]$, *et sur* $\mathrm{S}(0,1)$.
6. *f transforme tout ensemble borné en un ensemble borné.*
7. *f est uniformement continue sur* E.

Démonstration. On connait déjà l'équivalence $1), 2), 3)$.
$3) \Rightarrow 4)$: Soit $x \in \mathrm{B}(a,r]$: $x = a + (x-a)$, donc $\|x\| \leq \|a\| + r$.
D'où $\|f(x)\| \leq \alpha(\|a\| + r)$.
$4) \Rightarrow 5)$: trivial.
$5) \Rightarrow 3)$: Supposons que pour tout $y \in \mathrm{B}(0,1]$, $\|f(y)\| \leq k$, (k est une constante).
Soit x quelconque ($x \neq 0$) : $\frac{x}{\|x\|} \in \mathrm{B}(0,1]$, donc $\left\|f\left(\frac{x}{\|x\|}\right)\right\| \leq k$.
C'est-à-dire $\frac{1}{\|x\|}\|f(x)\| \leq k$, d'où $\|f(x)\| \leq k\|x\|$.
$4) \Leftrightarrow 6)$: Ceci résulte de :

- Toute boule est bornée.
- Tout ensemble borné est contenu dans une boule.

$3) \Rightarrow 7)$: car f est lipschitzienne :
$\|f(x) - f(x')\| = \|f(x-x')\| \leq \alpha\|x - x'\|$.
$7) \Rightarrow 1)$: trivial. □

4.1.4 Isomorphismes d'espaces normés

Soient E, F deux espaces normés (sur le même corps) et une application $f : \mathrm{E} \to \mathrm{F}$.

Définition 4.1. *On dit que f est un isomorphisme d'espaces normés si :*
- *f est un isomorphisme vectoriel (i.e linéaire et bijective).*
- *f est un homéomorphisme (i.e bicontinue).*

Théorème 4.5. *Pour qu'un isomorphisme vectoriel f soit un isomorphisme d'espaces normés, il faut et il suffit qu'il existe 2 constantes $a > 0, b > 0$ telles que, pour tout $x \in \mathrm{E}$:*

$$a\|x\| \leq \|f(x)\| \leq b\|x\|$$

Démonstration.
En effet :
f continue $\Leftrightarrow \|f(x)\| \leq b\|x\|$.
f^{-1} continue $\Leftrightarrow \|f^{-1}(y)\| \leq \alpha\|y\|$, soit $\|x\| \leq \alpha\|f(x)\|$ □

N.B. Un isomorphisme d'espaces normés est en fait bi-uniformément continue.

4.1.5 Equivalence de normes

Soient n_1, n_2 deux normes sur un espace vectoriel E. L'application identique $i : \mathrm{E} \to \mathrm{E}$ est évidemment un isomorphisme vectoriel, par suite les 3 propriétés suivantes sont équivalentes :

- $i : (\mathrm{E}, n_1) \to (\mathrm{E}, n_2)$ est bicontinue.
- i est bi-uniformément continue.
- i est bi-lipschitzienne, i.e

$$an_2(x) \leq n_1(x) \leq bn_2(x) \tag{4.1}$$

Autrement dit, les 3 notions d'équivalences (pour les distances) se confondent pour les normes et se traduisent toutes par (4.1).
En particulier la complétude est toujours conservée par des normes équivalentes.

4.2 Etude des sous-espaces

Définition 4.2. *Soit E un espace normé, on appelle sous-espace normé de E tout sous espace vectoriel F muni de la norme induite. F est alors lui-même un espace normé et la métrique et la topologie de F sont induites par celles de F.*

Théorème 4.6. *Si F est un sous-espace normé, alors $\overline{\mathrm{F}}$ est aussi normé.*

Démonstration. Il suffit de montrer que $\overline{\mathrm{F}}$ est un sous-espace vectoriel de E.
Soient $x, y \in \overline{\mathrm{F}}$ et considérons une boule $\mathrm{B}(x+y, r[$.
$\mathrm{B}(x, \frac{r}{2}[$ contient un $x' \in \mathrm{F}$.
$\mathrm{B}(y, \frac{r}{2}[$ contient un $y' \in \mathrm{F}$.
$\|(x+y)-(x'+y')\| \leq \|x+x'\|+\|y+y'\|<r$.
Donc $\mathrm{B}(x+y, r[$ contient $x'+y' \in \mathrm{F}$, donc $x+y \in \overline{\mathrm{F}}$.
Soient $x \in \overline{\mathrm{F}}$ et un scalaire λ (on peut supposer $\lambda \neq 0$), considérons une boule $\mathrm{B}(\lambda x, r[$.
$\mathrm{B}(x, \frac{r}{|\lambda|}[$ contient un $x' \in \mathrm{F}$, $\|\lambda x-\lambda x'\|=|\lambda|\,\|x-x'\|<r$.
Donc $\mathrm{B}(\lambda x, r[$ contient $\lambda x' \in \mathrm{F}$, donc $\lambda x \in \overline{\mathrm{F}}$.

□

4.2.1 Somme directe topologique

4.2.1.1 Cas d'un espace produit

Soient deux espaces normés $\mathrm{E}_1, \mathrm{E}_2$ et l'espace produit $\mathrm{E}=\mathrm{E}_1 \times \mathrm{E}_2$.
Posons : $\mathrm{E}_1'=\mathrm{E}_1 \times\{0\}$: sous-espace vetoriel de E. $\mathrm{E}_2'=\{0\} \times \mathrm{E}_2$: sous-espace vetoriel de E.
Du point de vue algébrique, on sait que : $\mathrm{E}=\mathrm{E}_1' \oplus \mathrm{E}_2'$.
Considérons également les applications :
$e_1: \mathrm{E}_1 \rightarrow \mathrm{E}_1' \qquad e_1(x_1)=(x_1, 0)$
$e_2: \mathrm{E}_2 \rightarrow \mathrm{E}_2' \qquad e_2(x_2)=(0, x_2)$.
On sait que ce sont des isomorphismes vectoriels, mais ce sont également des isomorphismes d'espaces normés, par exemples :
$\|e_1(x_1)\|=\|(x_1, 0)\|=\|x_1\|$, soit $\|x_1\| \leq\|e_1(x_1)\| \leq\|x_1\|$.

4.2.1.2 Problème réciproque

Soient E un espace normé, et $\mathrm{F}_1, \mathrm{F}_2$ deux sous-espaces vectoriels supplémentaires quelconques, c'est-à dire : $\mathrm{E}=\mathrm{F}_1 \oplus \mathrm{F}_2$.
Problème : est-ce que E est isomorphe à $\mathrm{F}_1 \times \mathrm{F}_2$ (il s'agit d'isomorphisme d'espaces normés) ?
Considérons les projecteurs :
Si $x \in \mathrm{E}: x=x_1+x_2, \qquad p_1(x)=x_1 \in \mathrm{F}_1, \quad p_2(x)=x_2 \in \mathrm{F}_2$
ainsi que l'application :

$s : \mathrm{F}_1 \times \mathrm{F}_2 \to \mathrm{E}, \qquad s(x_1, x_2) = x_1 + x_2.$
s est évidemment linéaire et bijective et nous savons qu'elle est continue (même uniformément). Par contre, l'application réciproque :
$s^{-1} : \mathrm{E} \to \mathrm{F}_1 \times \mathrm{F}_2, \qquad s^{-1}(x) = (p_1(x), p_2(x))$
n'est pas nécessairement continue (car on a aucun renseignement de continuité pour p_1 et p_2).
On remarque que la continuité de s^{-1} équivaut à la continuité de p_1 et de p_2, ou même simplement à la continuité d'un seul projecteur $(p_2(x) = x - p_1(x))$.
On donne la définition suivante :

Définition 4.3. *On dit que* $\mathrm{E} = \mathrm{F}_1 \oplus \mathrm{F}_2$ *est* ***une somme directe topologique,*** *ou encore que* $\mathrm{F}_1, \mathrm{F}_2$ *sont des* ***supplémentaires topologiques****, si les projecteurs sont continus.*
Dans ce cas, s est un isomorphisme d'espaces normés.

N.B. Un sous-espace F_1 admet toujours un supplément (vectoriel), mais pas nécessairement un supplémentaire topologique.

4.2.2 Formes linéaires et hyperplans

Soit E un espace normé sur $\mathbb{K}$ ($\mathbb{R}$ ou $\mathbb{C}$), On rappelle qu'une **forme linéaire** sur E est une application linéaire de E dans $\mathbb{K}$.
Une forme linéaire f non nulle est toujours surjective : soit $\lambda \in \mathbb{K}$.
S'il existe $x \in \mathrm{E}$ tel que $f(x) \neq 0$, alors $f\left(\frac{\lambda x}{f(x)}\right) = \lambda$.
Donc si $f \neq 0$: $\dim \mathrm{Im}(f) = 1 = co\dim \ker(f)$, c'est-à-dire que $\ker(f)$ est un hyperplan de E, ou encore : il existe un vecteur a ($a \notin \ker(f)$) tel que $\mathrm{E} = \ker(f) \oplus ka$.

Théorème 4.7. *Pour qu'une forme linéaire f non nulle soit continue, il faut et il suffit que* $\ker(f)$ *soit un hyperplan fermé.*

Démonstration.

- Si f est continue : $\ker(f) = f^{-1}(\{0\})$ est fermé.
- Si $\ker(f)$ est fermé :
  $f \neq 0$ donc f est surjetive : il existe $a \in \mathrm{E}$ tel que $f(a) = 1$.
  Soit $\mathrm{F} = \{x \in \mathrm{E} \ / \ f(x) = 1\}$, donc $a \in \mathrm{F}$.

Soit $g : \mathrm{E} \to \mathrm{E}$ définie par $g(x) = x - a$, g est continue.
$x \in \mathrm{F} \Leftrightarrow f(x) = f(a) \Leftrightarrow f(x-a) = 0 \Leftrightarrow x - a \in \ker(f) \Leftrightarrow g(x) \in \ker(f)$.
Donc $\mathrm{F} = g^{-1}(\ker(f))$, par suite F est fermé.
$f(0) = 0$, donc $0 \notin f$, $\complement^{\mathrm{F}}$ est un voisinage de 0 : il existe $r > 0$ tel que $\mathrm{B}(0, r[\subset \complement^{\mathrm{F}}$.
Soit alors x quelconque, supposons $f(x) \neq 0$:
$f\left(\frac{x}{f(x)}\right) = 1$, $\frac{x}{f(x)} \notin \mathrm{B}(0, r[$, $\frac{\|x\|}{|f(x)|} \geq r$.
Ainsi : $|f(x)| \leq \frac{1}{r}\|x\|$, et ceci est encore vrai si $f(x) = 0$.
Ce qui prouve que f est continue. □

Théorème 4.8. *Tout hyperplan est ou bien fermé, ou bien partout dense.*

Démonstration. Soit H un hyperplan, on peut le considérer comme le noyau d'une forme linéaire non nulle, en effet :
$\mathrm{E} = \mathrm{H} \oplus \mathbb{K}a$ avec $a \notin \mathrm{H}$, donc tout $x \in \mathrm{E}$ s'écrit de façon unique : $x = y + \lambda a$ avec $y \in \mathrm{H}$. L'application $f(x) = \lambda x$ est alors une forme linéaire et $\mathrm{H} = \ker(f)$.
f étant ainsi associée à H :

- Si f est continue : H est fermé.
- Sinon, H n'est pas fermé, $\overline{\mathrm{H}}$ est aussi un sous-espace et on a
- $\mathrm{H} \subsetneqq \overline{\mathrm{H}} \subset \mathrm{E}$, donc $co\dim \overline{\mathrm{H}} < co\dim \mathrm{H}$, $co\dim \overline{\mathrm{H}} = 0$, $\overline{\mathrm{H}} = \mathrm{E}$.

□

Remarque 4.1. *Dans le cas où* H *est fermé,* $\mathrm{E} = \mathrm{H} \oplus \mathbb{K}a$ *est une somme directe topologique, car le projecteur* p_2 *sur* $\mathbb{K}a$ *est* $p_2(x) = \lambda a = f(x)a$, *donc est continu.*
Dans ce cas, E *est donc isomorphe à* $\mathrm{H} \times \mathbb{K}a$.

4.2.3 Espace de dimension finie

Soit E un espace normé sur $\mathbb{K}$ ($\mathbb{R}$ ou $\mathbb{C}$), de dimension finie n, soit $\mathcal{B} = (e_1, ..., e_n)$ une base de E.

Théorème 4.9. *L'application* $f : \mathbb{K}^n \to \mathrm{E} : f(\lambda_1, ..., \lambda_n) = \lambda_1 e_1 + ... + \lambda_n e_n$ *est un isomorphisme d'espaces normés.*

Démonstration. f est évidemment un isomorphisme vectoriel.
On montre par récurrence sur n que f est bicontinue :

- Si $n = 1$, $\mathcal{B} = (e_1)$, $f(\lambda) = \lambda e_1$, $\|f(\lambda)\| = |\lambda| \|e_1\|$, $\|e_1\|$ est une constante et : $\|e_1\| |\lambda| \leq \|f(\lambda)\| \leq \|e_1\| |\lambda|$: f est bicontinue.
- Supposons la propriété vraie pour $n-1$ et soit E de dimension n.
  Soit H l'hyperplan engendré par $\{e_1, ..., e_n\}$: $\mathrm{E} = \mathrm{H} \oplus \mathbb{K}e_n$.
  $\dim \mathrm{H} = n-1$, donc par hypothèse l'application
  $g : \mathbb{K}^{n-1} \to \mathrm{H} : g(\lambda_1, ..., \lambda_{n-1}) = \lambda_1 e_1 + ... + \lambda_{n-1} e_{n-1}$ est bicontinue.
  g est en fait bi-uniformément continue, or $\mathbb{K}^{n-1}$ est complet, donc H est complet, par suite H est fermé.
  Donc E est isomorphe à $\mathrm{H} \times \mathbb{K}e_n$ par $h : \mathrm{H} \times \mathbb{K}e_n \to \mathrm{E}$ définie par $h(y, \lambda_n e_n) = y + \lambda_n e_n$.
  L'application $u : \mathbb{K}^n \to \mathrm{H} \times \mathbb{K}e_n$:

$$\begin{aligned} u(\lambda_1, ..., \lambda_n) &= (\lambda_1 e_1 + ... + \lambda_{n-1} e_{n-1}, \lambda_n e_n) \\ &= (g(\lambda_1, ..., \lambda_{n-1}), \lambda_n e_n) \end{aligned}$$

  est aussi un isomorphisme.
  Donc $f = h \circ u$ est un isomorphisme.

Corollaire 4.1. *Dans un espace normé quelconque* E, *tout sous-espace* F *de dimension finie est fermé.*

Car si $\dim \mathrm{F} = p : \mathrm{F} \simeq \mathbb{K}^p$, donc F est complet, donc fermé.

Théorème 4.10. *Si* E *est un espace normé de dimension finie et* F *un espace normé quelconque, alors toute application de* E *dans* F *est continue.*

Démonstration. Soit $f \in \mathrm{L}(\mathrm{E}, \mathrm{F})$.
Soit $\mathcal{B} = (e_1, ...e_n)$ une base de E.
Soit $x \in \mathrm{E}$, $x = \lambda_1 e_1 + ... + \lambda_n e_n$, $f(x) = \lambda_1 f(e_1) + ... + \lambda_n f(e_n)$.
$x \mapsto (\lambda_1, ..., \lambda_n)$ est continue (théorème précédent).
$(\lambda_1, ..., \lambda_n) \mapsto \lambda_i$ est continue pout tout i (projections).
$\lambda_i \mapsto \lambda_i f(e_i)$ est continue pout tout i ($f(e_i)$ est une constante).
Par suite f est continue. □

Théorème 4.11. *Si* E *est un espace vectoriel de dimension finie, alors toutes les normes qu'on peut définir sur* E *sont équivalentes entre elles.*

Démonstration. Soient deux normes n_1, n_2 sur E, et i l'application de E, qui est évidemment linéaire. D'après le théorème précédent :
$i : (\mathrm{E}, n_1) \to (\mathrm{E}, n_2)$ est continue.
$i^{-1} = i : (\mathrm{E}, n_2) \to (\mathrm{E}, n_1)$ est continue.
Donc i est un homéomorphisme, donc n_1 et n_2 sont équivalentes. □

N.B. En particulier, toutes les normes sur $\mathbb{R}^n$ sont équivalentes (ce qui n'est pas le cas pour toutes les distances).

Théorème 4.12 (Théorème de Riesz). *Soit* E *un espace normé, les assertions suivantes sont équivalentes.*

1. *La boule unité est précompacte* $(\mathrm{B}(0,1])$.
2. E *est de dimension finie.*
3. E *est localement compact.*
4. *Toute boule fermée est compacte.*
5. *Il existe une boule fermée est compacte.*
6. *Toute boule est précompacte.*
7. *Il existe une boule précompacte.*

Démonstration. 1) ⇒ 2) On peut recouvrir $\mathrm{B}(0,1]$ par un nombre fini de boules de rayon $\frac{1}{2}$: $\mathrm{B}(0,1] \subset \bigcup_{i=1}^{n} \mathrm{B}(x_i, \frac{1}{2}]$.
Soit F le sous-espace vectoriel de E engendré par $\{x_1, ..., x_n\}$, F est de dimension finie, donc fermé. Nous allons montrer que $\mathrm{E} = \mathrm{F}$.
Supposons que $\mathrm{E} \neq \mathrm{F}$: il existe $x \in \mathrm{E}, x \notin \mathrm{F}$. F étant fermé :
$d(x, \mathrm{F}) > 0$, posons $r = d(x, \mathrm{F})$.
Soit $y \in \mathrm{F}$, posons $z = \frac{x-y}{\|x-y\|}$: $z \in \mathrm{B}(0,1]$, donc il existe k tel que $z \in \mathrm{B}(x_k, \frac{1}{2}]$.
y et x_k sont dans F, donc $u = y + \|x-y\| \, x_k \in \mathrm{F}$.
Donc $\|x-u\| \geq r$,
soit $\|x - y - \|x-y\| \, x_k\| \geq r$,
soit $\| \|x-y\| \, z - \|x-y\| \, x_k\| \geq r$,

soit $\|x-y\| \cdot \|z-x_k\| \geq r$, or $\|z-x_k\| \leq \frac{1}{2}$.
D'où $\|x-y\| \geq 2r$ et ceci pour tout $y \in \mathrm{F}$.
D'où $r \geq 2r$ ce qui est absurde. Donc E = F, E est de dimension finie.
2) $\Rightarrow$ 3) car si $\dim \mathrm{E} = n$: $\mathrm{E} \simeq \mathbb{K}^n$ et $\mathbb{K}^n$ est localement compact.
3) $\Rightarrow$ 4) Si E est localement compact, alors O possède un voisinage compact V.
V contient une boule fermée de centre O : $\mathrm{V} \supset \mathrm{B}(0,r]$, donc $\mathrm{B}(0,r]$ est aussi compacte. Soit $\mathrm{B}(x_0,r']$ une autre boule fermée quelconque, la similitude vectorielle :

$$f(x) = x_0 + \frac{r'}{r}x$$

qui est continue, transforme $\mathrm{B}(0,r]$ en $\mathrm{B}(x_0,r']$, donc $\mathrm{B}(x_0,r']$ est compacte.
4) $\Rightarrow$ 5) trivial.
5) $\Rightarrow$ 7) trivial.
7) $\Rightarrow$ 6) car une boule se tranforme en une autre boule par similitude.
6) $\Rightarrow$ 1) trivial.

□

Remarque 4.2. *Un espace normé, non réduit à* $\{0\}$, *n'est jamais compact, car il n'est pas borné.*

4.3 Espace d'applications linéaires continues

Soient deux espaces normés E, F (sur le même corps $\mathbb{K}$), on pose :
$\mathrm{L}(\mathrm{E},\mathrm{F})$: espace vectoriel des applications linéaires de E dans F.
$\mathrm{L_C}(\mathrm{E},\mathrm{F})$: espace des applications linéaires continues de E dans F, c'est un sous-espace vectoriel de $\mathrm{L}(\mathrm{E},\mathrm{F})$.
N.B. Si E est de dimension finie : $\mathrm{L}(\mathrm{E},\mathrm{F}) = \mathrm{L_C}(\mathrm{E},\mathrm{F})$.

Si $f \in \mathrm{L}(\mathrm{E},\mathrm{F})$, rappelons :

f continue $\Leftrightarrow$ il existe $a > 0$ tel que pour tout x on ait :

$$\|f(x)\| \leq a\|x\|$$

$\Leftrightarrow$ f est bornée sur la boule unité $\mathrm{B}(0,1]$

(ce qui implique : f est bornée sur la sphère unité $\mathrm{S}(0,1)$)

Soit alors $f \in \mathrm{L_C}(\mathrm{E},\mathrm{F})$, définissons les 3 ensembles (parties de $\mathbb{R}$) :
$\mathcal{A}(f) = \{a > 0 /\ \text{pour tout}\ \ x \in \mathrm{E} : \|f(x)\| \leq a\|x\|\}$.
$\mathcal{A}'(f) = \{a > 0 /\ \text{pour tout}\ \ x \in \mathrm{B}(0,1] : \|f(x)\| \leq a\}$.
$\mathcal{A}''(f) = \{a > 0 /\ \text{pour tout}\ \ x \in \mathrm{S}(0,1) : \|f(x)\| \leq a\}$.

Lemme 4.1. $\mathcal{A}(f) = \mathcal{A}'(f) = \mathcal{A}''(f)$

Démonstration.
On a évidemment $\mathcal{A}(f) \subset \mathcal{A}'(f) \subset \mathcal{A}''(f)$.
Soit $a \in \mathcal{A}''(f)$ et $x \in \mathrm{E}, x \neq 0$: $\frac{x}{\|x\|} \in \mathrm{S}(0,1)$, donc $\left\|f\left(\frac{x}{\|x\|}\right)\right\| \leq a$, d'où $\|f(x)\| \leq a\|x\|$, donc $a \in \mathcal{A}(f)$. □

Lemme 4.2. $\mathrm{I}nf\mathcal{A}'(f) = \sup\limits_{x\in\mathrm{B}(0,1]} \|f(x)\|$.
$\mathrm{I}nf\mathcal{A}''(f) = \sup\limits_{x\in\mathrm{S}(0,1)} \|f(x)\|$.

Démonstration. Posons $\alpha = \mathrm{I}nf\mathcal{A}'(f)$ et $\beta = \sup\limits_{x\in\mathrm{B}(0,1]} \|f(x)\|$.
Si $x \in \mathrm{B}(0,1]$, pour tout $a \in \mathcal{A}'(f)$: $\|f(x)\| \leq a$, donc $\beta \leq a$, donc $\beta \leq \alpha$.
Supposons $\beta < \alpha$: il existe a tel que $\beta < a < \alpha$.
$a < \alpha$ donc $a \notin \mathcal{A}'(f)$, donc il existe $x \in \mathrm{B}(0,1]$ tel que $\|f(x)\| > a$, alors $\beta > a$, ce qui est contradictoire.
Donc $\alpha = \beta$. Démonstration analogue avec $\mathcal{A}''(f)$. □

Ces deux lemmes permettent d'associer à f le nombre réel :

$$\eta(f) = \sup_{x\in\mathrm{B}(0,1]} \|f(x)\| = \sup_{x\in\mathrm{S}(0,1)} \|f(x)\| = \mathrm{I}nf\mathcal{A}(f)$$

Théorème 4.13. *$\eta(f)$ est une norme sur $\mathrm{L_C}(\mathrm{E},\mathrm{F})$.*

Démonstration. – $\eta(f) \geq 0$: trivial
– Si $f = 0$: $\eta(f) = 0$
– Si $\eta(f) = 0$, comme $\|f(x)\| \leq \eta(f) \cdot \|x\|$ alors $f = 0$.
– $\eta(\lambda f) = |\lambda|\eta(f)$ car $\|\lambda f(x)\| = |\lambda| \cdot \|f(x)\|$.
– $\eta(f+g) \leq \eta(f) + \eta(g)$ car $\|f(x) + g(x)\| \leq \|f(x)\| + \|g(x)\|$.

$\mathrm{L_C}(\mathrm{E},\mathrm{F})$ sera toujours muni de cette norme qu'on notera simplement : $\eta(f) = \|f\|$. □

Remarque 4.3. *1. Pour tout* $x \in \mathrm{E} : \|f(x)\| \leq \|f\| \cdot \|x\|$

2. Pour tout $x \in \mathrm{B}(0,1] : \|f(x)\| \leq \|f\|$.

Considérons trois espaces normés $\mathrm{E}, \mathrm{F}, \mathrm{G}$ et : $f \in \mathrm{L_C}(\mathrm{E}, \mathrm{F})$, $g \in \mathrm{L_C}(\mathrm{F}, \mathrm{G})$, on a évidemment $g \circ f \in \mathrm{L_C}(\mathrm{E}, \mathrm{G})$.

Théorème 4.14. $\|g \circ f\| \leq \|g\| \cdot \|f\|$

En effet : $\|g(f(x))\| \leq \|g\| \cdot \|f(x)\| \leq \|g\| \cdot \|f\| \cdot \|x\|$

Théorème 4.15. *Si* F *est un espace de Banach, alors* $\mathrm{L_C}(\mathrm{E}, \mathrm{F})$ *est aussi un espace de Banach.*

Démonstration. Soit (f_n) une suite de Cauchy dans $\mathrm{L_C}(\mathrm{E}, \mathrm{F})$: pour tout $\varepsilon > 0$, il existe $\mathrm{N}(\varepsilon)$ tel que si $n', n'' \geq \mathrm{N}(\varepsilon) : \|f_{n'} - f_{n''}\| \leq \varepsilon$.
Donc pour x fixé : $\|f_{n'}(x) - f_{n''}(x)\| \leq \varepsilon \|x\|$.
Si $x \neq 0$ et si $n', n'' \geq \mathrm{N}\left(\frac{\varepsilon}{\|x\|}\right) : \|f_{n'}(x) - f_{n''}(x)\| \leq \varepsilon$ (à fortiori si $x = 0$).
Ainsi, pour chaque x, $(f_n(x))$ est une suite de Cauchy dans F, donc convergente, appelons $f(x)$ sa limite.

- f est linéaire, car pour tout n : $f_n(\lambda x + \mu y) = \lambda f_n(x) + \mu f_n(y)$, à la limite : $f(\lambda x + \mu y) = \lambda f(x) + \mu f(y)$.
- f est continue :
  Si $x \in \mathrm{B}(0,1]$ et $n', n'' \geq \mathrm{N}(\varepsilon) : \|f_{n'}(x) - f_{n''}(x)\| \leq \varepsilon$.
  Fixons $n' = n''$, et $n'' \to +\infty$, à la limite $\|f_n(x) - f(x)\| \leq \varepsilon$.
  d'où $\|f(x)\| \leq \|f_n(x)\| + \varepsilon \leq \|f_n\| + \varepsilon$, donc f est bornée sur $\mathrm{B}(0,1]$.
  Ainsi $f \in \mathrm{L_C}(\mathrm{E}, \mathrm{F})$.
- (f_n) converge vers f dans $\mathrm{L_C}(\mathrm{E}, \mathrm{F})$, car si $x \in \mathrm{B}(0,1]$ et $n \geq \mathrm{N}(\varepsilon) : \|f_n(x) - f(x)\| \leq \varepsilon$, donc $\|f_n - f\| \leq \varepsilon$. □

Cas particulier :

$\mathrm{L}(\mathrm{E}, \mathbb{K})$ est l'espace vectoriel dual de E (noté généralement E^*).
$\mathrm{L_C}(\mathrm{E}, \mathbb{K})$ est un espace de Banach, appelé le dual topologique de E.
Si E est de dimension fini : $\mathrm{L_C}(\mathrm{E}, \mathbb{K}) = \mathrm{E}^*$.

4.3.1 Généralisation aux applications multilinéaires.

Considérons simplement le cas des applications bilinéaires :
Soient 3 espaces $\mathrm{E}_1, \mathrm{E}_2, \mathrm{F}$ et posons :

$L(E_1, E_2; F)$: espace vectoriel des applications bilinéaires de $E_1 \times E_2$ dans F.
$L_C(E_1, E_2; F)$: sous-espace vectoriel des applications bilinéaires continues de $E_1 \times E_2$ dans F.
Si f est bilinéaire continue, cela signifie :
il existe $a > 0$ tel que pour tout $(x_1, x_2) \in E_1 \times E_2$:

$$\|f(x_1, x_2)\| \leq a \|x_1\| \cdot \|x_2\| \tag{4.2}$$

Si on pose $\mathcal{A}(f) = \{a > 0/a \text{ vérifiant } (4.2)\}$ on montre comme précédemment que

$$\text{In}f\mathcal{A}(f) = \sup_{\substack{\|x_1\| \leq 1 \\ \|x_2\| \leq 1}} \|f(x_1, x_2)\|$$

et cette quantité définit une normé, $\|f\|$ sur $L_C(E_1, E_2; F)$.
En fait, on peut se ramener au cas des applications linéaires :
Soit $f \in L_C(E_1, E_2; F)$, pour $x_1 \in E_1$ fixé, posons $f_{x_1} : E_2 \to F$ défini par $f_{x_1}(x_2) = f(x_1, x_2)$.
f_{x_1} est évidemment linéaire, et elle est continue :
$\|f_{x_1}(x_2)\| = \|f(x_1, x_2)\| \leq a \|x_1\| \cdot \|x_2\|$ et $a \|x_1\|$ est une constante.
Donc $f_{x_1} \in L_C(E_2; F)$.
Si x_1 varie, on définit ainsi une application $\widetilde{f} : E_1 \to L_C(E_2; F)$ par $\widetilde{f}(x_1) = f_{x_1}$.
$\widetilde{f}$ est évidemment linéaire, et elle est continue :
$\left\|\widetilde{f}(x_1)\right\| = \|f_{x_1}\| = \sup_{\|x_2\| \leq 1} \|f(x_1, x_2)\| \leq a \|x_1\|$.
Donc $\widetilde{f} \in L_C(E_1, L_C(E_2; F))$.

Théorème 4.16. *L'application* $f \mapsto \widetilde{f}$ *est une isométrie linéaire (à fortiori un isomorphisme) de* $L_C(E_1, E_2; F)$ *sur* $L_C(E_1, L_C(E_2; F))$.

Démonstration. Cette correspondance est linéaire :
$\widetilde{f+g}$ est définie par $\widetilde{f+g}(x_1) = (f+g)_{x_1}$ définie par :

$$(f+g)_{x_1}(x_2) = (f+g)(x_1, x_2) = f(x_1, x_2) + g(x_1, x_2) = f_{x_1}(x_2) + g_{x_1}(x_2).$$

D'où $\widetilde{f+g} = \widetilde{f} + \widetilde{g}$.
De même $\widetilde{\lambda f} = \lambda \widetilde{f}$.
C'est une isométrie :

$$\left\| \widetilde{f} \right\| = \sup_{\|x_2\| \leq 1} \|f_{x_1}\| = \sup_{\substack{\|x_1\| \leq 1 \\ \|x_2\| \leq 1}} \|f(x_1, x_2)\| = \|f\|.$$

Elle est surjective :
Si $g \in \mathrm{L_C}(\mathrm{E}_1, \mathrm{L_C}(\mathrm{E}_2; \mathrm{F}))$, définissons $f : \mathrm{E}_1 \times \mathrm{E}_2 \to \mathrm{F}$ comme suit :
$f(x_1, x_2) = (g(x_1))(x_2)$.
f est évidemment bilinéaire, et elle est continue :
$\|f(x_1, x_2)\| \leq \|g(x_1)\| \cdot \|x_2\| \leq \|g\| \cdot \|x_1\| \cdot \|x_2\|$.
Enfin $g = \widetilde{f}$ car $f_{x_1}(x_2) = (g(x_1))(x_2)$,
$f_{x_1} = g(x_1)$ et $\widetilde{f}(x_1) = g(x_1)$. □

Chapitre 5

Espaces fonctionnels

Un espace fonctionnel est un espace topologique dont les éléments sont des applications. Nous en avons déjà vu un exemple avec $L_C(E, F)$.

5.1 Différentes topologies de convergence

Soients :

- E un ensemble non vide quelconque.
- F un espace vectoriel normé.
- $\mathcal{F}(E, F)$ l'ensemble des applications de E vers F, c'est un espace vectoriel pour les opérations usuelles
  $(f + g)(x) = f(x) + g(x)$
  $(\lambda f)(x) = \lambda f(x)$

5.1.1 Rappel sur la convergence simple

Soit (f_n) une suite d'applications de E dans F, on dit qu'elle converge simplement vers $f \in \mathcal{F}(E, F)$, si pour chaque $x \in E$ la suite $(f_n(x))$ converge (vers $f(x)$) dans F.
Ce qui se traduit par :
Pour tout $x \in E$, pour tout $\varepsilon > 0$, il existe $N(\varepsilon, x)$ tel que

$$n \geq N(\varepsilon, x) \Rightarrow \|f_n(x) - f(x)\| \leq \varepsilon.$$

5.1.2 Rappel sur la convergence uniforme

On dit que (f_n) converge uniformément vers f sur E si :
Pour tout $\varepsilon > 0$, il existe $\mathrm{N}(\varepsilon)$ tel que, quel que soit $x \in \mathrm{E}$:

$$n \geq \mathrm{N}(\varepsilon) \Rightarrow \|f_n(x) - f(x)\| \leq \varepsilon.$$

Remarque 5.1. *La convergence uniforme implique la convergence simple.*
La réciproque est inexacte (cf. DEUG).

Nous nous proposons de définir sur $\mathcal{F}(\mathrm{E}, \mathrm{F})$ des topologies qui traduisent ces phénomènes de convergence.

5.1.3 Topologie de la convergence simple

Pour tout $r > 0$ et pour toute partie finie A de E, si $f \in \mathcal{F}(\mathrm{E}, \mathrm{F})$, on pose :
$\mathrm{W}_{r,\mathrm{A}}(f) = \{g/ \text{ pour tout } x \in \mathrm{A} : \|f(x) - g(x)\| \leq r\}$.
Soit alors $\mathcal{V}(f)$ l'ensemble des parties V de $\mathcal{F}(\mathrm{E}, \mathrm{F})$ contenant un $\mathrm{W}_{r,\mathrm{A}}(f)$ où r et A sont arbitraires.
On définit ainsi une topologie sur $\mathcal{F}(\mathrm{E}, \mathrm{F})$. En effet :

V.1/ Si $\mathrm{V} \in \mathcal{V}(f) : f \in \mathrm{V}$: trivial.

V.2/ Si $\mathrm{V} \in \mathcal{V}(f)$ et $\mathrm{V}' \supset \mathrm{V} : \mathrm{V}' \in \mathcal{V}(f)$: trivial.

V.3/ Si $\mathrm{V}, \mathrm{V}' \in \mathcal{V}(f) : \mathrm{V} \supset \mathrm{W}_{r,\mathrm{A}}$ et $\mathrm{V}' \supset \mathrm{W}_{r',\mathrm{A}'}$ alors $\mathrm{V} \cap \mathrm{V}' \supset \mathrm{W}_{\rho,\mathrm{B}}$ où $\rho = \min(r, r')$ et $\mathrm{B} = \mathrm{A} \cup \mathrm{A}'$.

V.4/ Si $\mathrm{V} \in \mathcal{V}(f) : \mathrm{V} \supset \mathrm{W}_{r,\mathrm{A}}(f)$, soit $\mathrm{V}' = \mathrm{W}_{\frac{r}{2},\mathrm{A}}(f) \in \mathcal{V}(f)$,
si $g \in \mathrm{V}'$ alors $\mathrm{V} \supset \mathrm{W}_{\frac{r}{2},\mathrm{A}}(g)$:
Si $h \in \mathrm{W}_{\frac{r}{2},\mathrm{A}}(g)$: pour tout $x \in \mathrm{A}$, $\|g(x) - h(x)\| \leq \frac{r}{2}$.
Donc $\|f(x) - h(x)\| \leq \|f(x) - g(x)\| + \|g(x) - h(x)\| \leq r$.
Donc $h \in \mathrm{W}_{r,\mathrm{A}}(f)$, donc $h \in \mathrm{V}$. Ainsi $\mathrm{V} \in \mathcal{V}(g)$.
En outre, cette topologie est séparée.

V.5/ Si $f \neq g$, il existe au moins $x_0 \in \mathrm{E}$ tel que $f(x_0) \neq g(x_0)$, donc $\delta = \|f(x_0) - g(x_0)\| > 0$, il existe r tel que $0 < r < \frac{\delta}{2}$, alors :
soit $\mathrm{A} = \{x_0\}$
si $h \in \mathrm{W}_{r,\mathrm{A}}(f) : \|f(x_0) - h(x_0)\| \leq r$
si $\in \mathrm{W}_{r,\mathrm{A}}(g) : \|g(x_0) - h(x_0)\| \leq r$

d'où $\|f(x_0) - g(x_0)\| \leq 2r < \delta$ ce qui est contradictoire.
Donc $W_{r,A}(f) \cap W_{r,A}(g) = \Phi$.

Nous noterons $\mathcal{F}_s(E, F)$ l'ensemble $\mathcal{F}(E, F)$ muni de cette topologie appelée topologie de la convergence simple.

Théorème 5.1. *Soit* (f_n) *une suite d'applications de* E *dans* F, *les propositions suivantes sont équivalentes :*

1) (f_n) *converge simplement vers* f.
2) (f_n) *converge vers* f *dans* $\mathcal{F}_s(E, F)$.

Démonstration. 1) $\Rightarrow$ 2)
Pour tout $x \in E$, pour tout $\varepsilon > 0$, il existe $N(x, \varepsilon)$ tel que si $n \geq N(\varepsilon, x) : \|f_n(x) - f(x)\| \leq \varepsilon$.
Soit alors $V \in \mathcal{V}(f) : V \supset W_{r,A}(f)$, posons $n_0 = Max\,(N(r, x))_{x\in A}$, alors si $n \geq n_0$, pour tout $x \in A$ on a $\|f_n(x) - f(x)\| \leq r$, donc $f_n \in W_{r,A}(f)$, $f_n \in V$.
2) $\Rightarrow$ 1)
Soit $\varepsilon > 0$, pour chaque $x \in E$ posons $A_x = \{x\} : W_{\varepsilon,A_x} \in \mathcal{V}(f)$ donc, par hypothèse, il existe $N(\varepsilon, x)$ tel que si $n \geq N(\varepsilon, x) : f_n \in W_{\varepsilon,A_x}(f)$, soit $\|f_n(x) - f(x)\| \leq \varepsilon$. □

5.1.4 Topologie de la convergence uniforme

Pour tout $f \in \mathcal{F}(E, F)$, posons $n(f) = \sup\limits_{x\in E} \|f(x)\|$.
On peut avoir $n(f) = +\infty$, mais à part cela $n(f)$ vérifie les axiomes d'une norme :

- $n(f) \geq 0$
- $n(f) = 0 \Leftrightarrow f = 0$
- $n(\lambda f) = |\lambda|\, n(f)$
- $n(f + g) = n(f) + n(g)$

Si $f, g \in \mathcal{F}(E, F)$, on posera $\delta(f, g) = n(f - g)$, ce n'est pas tout à fait une distance (mais un "écart").
Ceci permet de définir les "boules généralisées" :
Si $r > 0$ $(r \in \mathbb{R})$:

$$\begin{aligned} B(f, r] &= \{g / \delta(f, g) \leq r\} \\ &= \{g / \text{ pour tout } x \in E, \|f(x) - g(x)\| \leq r\} \end{aligned}$$

et par suite une topologie séparée sur $\mathcal{F}(\mathrm{E},\mathrm{F})$ comme suit :
$\mathcal{V}(f)$ est l'ensemble des parties contenant un $\mathrm{B}(f,r]$. (même vérification que pour la distance).
On notera $\mathcal{F}_u(\mathrm{E},\mathrm{F})$ l'ensemble $\mathcal{F}(\mathrm{E},\mathrm{F})$ muni de cette topologie, appelée topologie de la convergence uniforme.

Théorème 5.2. *Soit* (f_n) *une suite d'applications de* E *dans* F, *les propositions suivantes sont équivalentes :*

1) (f_n) *converge uniformément sur* E *vers* f.
2) (f_n) *converge vers* f *dans* $\mathcal{F}_u(\mathrm{E},\mathrm{F})$.

Démonstration. 1) $\Rightarrow$ 2)
pour tout $\varepsilon > 0$, il existe $\mathrm{N}(\varepsilon)$ tel que si $n \geq \mathrm{N}(\varepsilon)$, pour tout $x \in \mathrm{E} : \|f_n(x) - f(x)\| \leq \varepsilon$.
D'où $\delta(f_n, f) \leq \varepsilon$, soit $f_n \in \mathrm{B}(f,\varepsilon]$.
2) $\Rightarrow$ 1)
Soit $\varepsilon > 0$, $\mathrm{B}(f,\varepsilon] \in \mathcal{V}(f)$ donc il existe $\mathrm{N}(\varepsilon)$ tel que si $n \geq \mathrm{N}(\varepsilon)$:
$f_n \in \mathrm{B}(f,\varepsilon]$, soit $\delta(f_n, f) \leq \varepsilon$.
$\sup_{x\in\mathrm{E}} \|f_n(x) - f(x)\| \leq \varepsilon$.
Donc, pour tout $x \in \mathrm{E} : \|f_n(x) - f(x)\| \leq \varepsilon$. □

5.1.5 Cas des applications bornées

Soit $\mathcal{B}(\mathrm{E},\mathrm{F})$ l'ensemble des applications bornées de E dans F (f est bornée s'il existe $\mathrm{M} > 0$ tel que, pour tout $x \in \mathrm{E} : \|f(x)\| \leq \mathrm{M}$).
$\mathcal{B}(\mathrm{E},\mathrm{F})$ est un sous espace vectoriel de $\mathcal{F}(\mathrm{E},\mathrm{F})$.
Si on se limite à $\mathcal{B}(\mathrm{E},\mathrm{F})$, $n(f) = \sup_{x\in\mathrm{E}} \|f(x)\|$ est alors vraiment une norme, qu'on notera $\|f\|_\infty$ et qui est appelée **norme de la convergence uniforme**.
Ainsi $\mathcal{B}(\mathrm{E},\mathrm{F})$ est un espace vectoriel normé ; on le notera alors $\mathcal{B}_u(\mathrm{E},\mathrm{F})$.
Le théorème précédent reste valable dans $\mathcal{B}_u(\mathrm{E},\mathrm{F})$, il faut simplement remarquer que si (f_n) est une suite d'applications bornées qui converge uniformément sur E vers f, alors f est aussi bornée :
Prenons $\varepsilon = 1$, il existe N tel que si $n \geq \mathrm{N}$, tel que pour tout

$x \in \mathrm{E} : \|f_n(x) - f(x)\| \leq 1$.
En particulier : $\|f(x)\| \leq \|f_{\mathrm{N}}(x)\| + 1$ et f_{N} est bornée.

Théorème 5.3. *Si* F *est un espace de Banach, alors* $\mathcal{B}_u(\mathrm{E}, \mathrm{F})$ *est un espace de Banach.*

Démonstration. Soit (f_n) une suite de Cauchy dans $\mathcal{B}_u(\mathrm{E}, \mathrm{F})$:
Pour tout $\varepsilon > 0$, il existe $\mathrm{N}(\varepsilon)$ tel que si $n', n'' \geq \mathrm{N}(\varepsilon)$: $\|f_{n'} - f_{n''}\|_\infty \leq \varepsilon$.
Donc, pour tout $x \in \mathrm{E}$, $\|f_{n'}(x) - f_{n''}(x)\| \leq \varepsilon$.
Donc, pour chaque x, $(f_n(x))$ est une suite de Cauchy dans F, donc converge, soit $f(x)$ sa limite.
Fixons $n' = n \geq \mathrm{N}(\varepsilon)$, si $n'' \to +\infty$: $\|f_n(x) - f(x)\| \leq \varepsilon$.
D'où $\|f_n - f\|_\infty \leq \varepsilon$.
Donc (f_n) converge vers f dans $\mathcal{B}_u(\mathrm{E}, \mathrm{F})$. □

5.1.6 Cas des applications continues

On considère ici : E un espace topologique et F un espace vectoriel normé.
On pose $\mathcal{C}(\mathrm{E}, \mathrm{F})$: l'ensemble des applications continues de E dans F.
C'est un sous-espace vectoriel de $\mathcal{F}(\mathrm{E}, \mathrm{F})$.
On notera $\mathcal{C}_u(\mathrm{E}, \mathrm{F})$ l'espace $\mathcal{C}(\mathrm{E}, \mathrm{F})$ muni de la topologie de la convergence uniforme (sous-espace de $\mathcal{F}_u(\mathrm{E}, \mathrm{F})$).

Théorème 5.4. $\mathcal{C}_u(\mathrm{E}, \mathrm{F})$ *est fermé dans* $\mathcal{F}_u(\mathrm{E}, \mathrm{F})$.

Démonstration. Soit $f \in \mathcal{F}_u(\mathrm{E}, \mathrm{F})$ tel que $f \in \overline{\mathcal{C}_u(\mathrm{E}, \mathrm{F})}$:
Pour tout $\varepsilon > 0$, il existe $g \in \mathcal{C}_u(\mathrm{E}, \mathrm{F})$ telle que $\delta(f, g) \leq \frac{\varepsilon}{3}$ c'est-à-dire : pour tout $x \in \mathrm{E}$: $\|f(x) - g(x)\| \leq \frac{\varepsilon}{3}$.
Fixons $x_0 \in \mathrm{E}$, g est continue en x_0 :
Il existe un voisinage V de x_0 tel que si $x \in \mathrm{V}$: $\|g(x) - g(x_0)\| \leq \frac{\varepsilon}{3}$.
Alors :

$$\begin{aligned}\|f(x) - f(x_0)\| &\leq \|f(x) - g(x)\| + \|g(x) - g(x_0)\| + \|g(x_0) - f(x_0)\| \\ &\leq \varepsilon\end{aligned}$$

Ce qui prouve que f est continue en x_0, pour tout $x_0 \in \mathrm{E}$, donc $f \in \mathcal{C}_u(\mathrm{E}, \mathrm{F})$.
D'où $\mathcal{C}_u(\mathrm{E}, \mathrm{F}) = \overline{\mathcal{C}_u(\mathrm{E}, \mathrm{F})}$: fermé. □

Corollaire 5.1. *Si (f_n) est une suite d'applications continues qui converge uniformément vers f, alors f est continue.*

Car (f_n) est une suite de $\mathcal{C}_u(\mathrm{E},\mathrm{F})$ qui converge vers f dans $\mathcal{F}_u(\mathrm{E},\mathrm{F})$, donc $f \in \overline{\mathcal{C}_u(\mathrm{E},\mathrm{F})}$.

5.1.7 Cas des applications continues bornées

On notera $\mathcal{C}^\infty(\mathrm{E},\mathrm{F}) = \mathcal{C}(\mathrm{E},\mathrm{F}) \cap \mathcal{B}_u(\mathrm{E},\mathrm{F})$, c'est un sous-espace vectoriel normé de $\mathcal{B}_u(\mathrm{E},\mathrm{F})$.
N.B. Si E est compact : $\mathcal{C}^\infty(\mathrm{E},\mathrm{F}) = \mathcal{C}_u(\mathrm{E},\mathrm{F})$.

Théorème 5.5. $\mathcal{C}^\infty(\mathrm{E},\mathrm{F})$ *est fermé dans* $\mathcal{B}_u(\mathrm{E},\mathrm{F})$.

Démonstration. Même démonstration que précédemment. □

Corollaire 5.2. *Si (f_n) est une suite d'applications continues bornées qui converge uniformément vers f, alors f est continue bornée.*

Corollaire 5.3. *Si* F *est un espace de Banach,* $\mathcal{C}^\infty(\mathrm{E},\mathrm{F})$ *est aussi un espace de Banach.*

5.1.8 Note sur la topologie de la convergence compacte

On considère ici : E espace topologique localement compact et F espace vectoriel normé.
Pour tout $r > 0$ et pour toute partie compacte K de E, si $f \in \mathcal{F}(\mathrm{E},\mathrm{F})$, on pose :

$$\mathrm{W}_{r,\mathrm{K}}(f) = \{g / \text{ Pour tout } x \in \mathrm{K} : \|f(x) - g(x)\| \leq r\}.$$

Soit alors $\mathcal{V}(f)$ l'ensemble des parties V de $\mathcal{F}(\mathrm{E},\mathrm{F})$ contenant un $\mathrm{W}_{r,\mathrm{K}}(f)$ où r et K sont arbitraires.
On vérifie (comme pour la topologie de la convergence simple) qu'on définit ainsi une topologie, appelée topologie de la convergence compacte, sur $\mathcal{F}(\mathrm{E},\mathrm{F})$, qui sera noté $\mathcal{F}_c(\mathrm{E},\mathrm{F})$.

Remarque 5.2 (exercices). 1) *La convergence d'une suite* (f_n) *vers* f *dans* $\mathcal{F}_c(\mathrm{E},\mathrm{F})$ *équivaut à :*
(f_n) *converge uniformément sur tout compact* K *de* E.
2) *La topologie de* $\mathcal{F}_u$ *est plus fine que celle de* $\mathcal{F}_c$, *elle même plus fine que celle de* $\mathcal{F}_s$.

5.1.9 Exemple d'application du théorème du point fixe

On se place dans $\mathcal{C}^\infty(\mathbb{R},\mathbb{R})$ qui est un espace de Banach, nous allons simplement étudier un exemple d'équation intégrale.
Soient a et h deux constantes réelles, soit $g \in \mathcal{C}^\infty(\mathbb{R},\mathbb{R})$ fixée, existe-t-il $f \in \mathcal{C}^\infty(\mathbb{R},\mathbb{R})$ telle que :
Pour tout $x \in \mathbb{R}$:

$$f(x) = a\int_x^{x+h} f(t)\,dt + g(x) \tag{5.1}$$

Pour cela, on définit $\Phi : \mathcal{C}^\infty(\mathbb{R},\mathbb{R}) \longrightarrow \mathcal{C}^\infty(\mathbb{R},\mathbb{R})$ comme suit $\Phi(f) = \widetilde{f}$ où $\widetilde{f}(x) = a\int_x^{x+h} f(t)\,dt + g(x)$.
Ainsi, la résolution de (5.1) revient à chercher les points fixes de Φ.
on a :

$$\begin{aligned}\|\Phi(f_1) - \Phi(f_2)\|_u &= |a|\sup_{x\in\mathbb{R}}\left|\int_x^{x+h}(f_1(t) - f_2(t))\,dt\right| \\ &\leq |ah|\,\|f_1 - f_2\|_u\end{aligned}$$

Donc si $|ah| < 1$: Φ est contractante sur $\mathcal{C}^\infty(\mathbb{R},\mathbb{R})$ et par suite l'équation intégrale (5.1) a une solution et une seule.

5.2 Ensembles équicontinus

Soient
- E un espace topologique
- F un espace vectoriel normé.

Définition 5.1. *Soit* $\mathrm{H} \subset \mathcal{F}(\mathrm{E},\mathrm{F})$

1) *Si* $x_0 \in \mathrm{E}$, *on dit que* H *est* ***équicontinu*** *en* x_0 *si :*

$$\begin{cases} \text{Pour tout } \varepsilon > 0, \text{ il existe un voisinage } \mathrm{V}(\varepsilon) \text{ de } x_0 \text{ tel que :} \\ \text{si } x \in \mathrm{V}(\varepsilon), \text{ pour tout } f \in \mathrm{H} \text{ on a } \|f(x) - f(x_0)\| \leq \varepsilon \end{cases}$$

N.B. *Ceci implique évidemment que chaque* $f \in \mathrm{H}$ *est continue en* x_0.

2) *On dit que* H *est* ***équicontinue*** *s'il est équicontinu en tout point* $x_0 \in \mathrm{E}$. *(ce qui implique que chaque* $f \in \mathrm{H}$ *soit continue sur* E*).*

Exemple 5.1. *Toute partie finie* H *de* $\mathcal{C}(\mathrm{E},\mathrm{F})$ *est équicontinue :* $\mathrm{H} = \{f_1, ..., f_n\}$.
Si $x_0 \in \mathrm{E}$, *pour chaque* f_i, *pour tout* $\varepsilon > 0$ *il existe un voisinage de* x_0 $\mathrm{V}(\varepsilon, f_i)$ *tel que si* $x \in \mathrm{V}(\varepsilon, f_i) : \|f_i(x) - f_i(x_0)\| \leq \varepsilon$.
On prend alors $\mathrm{V}(\varepsilon) = \bigcap\limits_1^n \mathrm{V}(\varepsilon, f_i)$.

Théorème 5.6. *Soit* (f_n) *une suite dans* $\mathcal{F}(\mathrm{E},\mathrm{F})$ *qui converge simplement vers* f, *si* (f_n) *est équicontinue en* x_0, *alors* f *est continue en* x_0.

Démonstration. Pour tout $x \in \mathrm{E}$, pour tout $\varepsilon > 0$, il existe $\mathrm{N}(\varepsilon, x)$ tel que si $n \geq \mathrm{N}(\varepsilon, x) : \|f_n(x) - f(x)\| \leq \varepsilon$.
En outre, il existe un voisinage $\mathrm{V}(\varepsilon)$ de x_0 tel que si $x \in \mathrm{V}(\varepsilon)$, pour tout $n : \|f_n(x) - f_n(x_0)\| \leq \varepsilon$. Soit alors $x \in \mathrm{V}\left(\frac{\varepsilon}{3}\right)$:
Fixons $n \geq Max\left[\mathrm{N}\left(x, \frac{\varepsilon}{3}\right), \mathrm{N}\left(x_0, \frac{\varepsilon}{3}\right)\right]$

$$\begin{aligned}\|f(x) - f(x_0)\| \leq \|f(x) - f_n(x)\| + \|f_n(x) - f_n(x_0)\| \\ + \|f_n(x_0) - f(x_0)\| \leq \varepsilon\end{aligned}$$

□

Théorème 5.7. *On suppose* E *compact, soit* (f_n) *une suite équicontinue dans* $\mathcal{C}(\mathrm{E},\mathrm{F})$ *qui converge simplement vers* f, *alors* (f_n) *converge uniformément vers* f.

Démonstration. D'après la théorème précédent : $f \in \mathcal{C}(\mathrm{E},\mathrm{F})$.
(f_n) est équicontinue : pour tout $x \in \mathrm{E}$, pour tout $\varepsilon > 0$, il existe un voisinage $\mathrm{V}(\varepsilon, x)$ de x, qu'on peut supposer ouvert, tel que si $y \in \mathrm{V}(\varepsilon, x)$, pour tout $n : \|f_n(x) - f_n(y)\| \leq \varepsilon$.
f est continue sur E : pour tout $x \in \mathrm{E}$, pour tout $\varepsilon > 0$, il existe un voisinage $\mathrm{W}(\varepsilon, x)$ de x, qu'on peut supposer ouvert, tel que si $y \in \mathrm{W}(\varepsilon, x) : \|f(x) - f(y)\| \leq \varepsilon$.

(f_n) converge simplement vers f : pour tout $x \in \mathrm{E}$, pour tout $\varepsilon > 0$, il existe $\mathrm{N}(\varepsilon, x)$ tel que si $n \geq \mathrm{N}(\varepsilon, x)$: $\|f_n(x) - f(x)\| \leq \varepsilon$.
Posons $\Omega(\varepsilon, x) = \mathrm{V}\left(\frac{\varepsilon}{3}, x\right) \cap \mathrm{W}\left(\frac{\varepsilon}{3}, x\right)$: c'est un voisinage ouvert de x.
on peut écrire : $\mathrm{E} = \bigcup_{x \in \mathrm{E}} \Omega(\varepsilon, x)$.

E étant compact, on extrait un recouvrement fini : $\mathrm{E} = \bigcup_{i=1}^{p} \Omega(\varepsilon, x_i)$.
Soit alors $n_0 = \max_{1 \leq i \leq p} \mathrm{N}\left(\frac{\varepsilon}{3}, x_i\right)$.
Si $n \geq n_0$, pour tout $x \in \mathrm{E}$ il existe i tel que $x \in \Omega(\varepsilon, x_i)$, alors :

$$\|f_n(x) - f(x)\| \leq \|f_n(x) - f_n(x_i)\| + \|f_n(x_i) - f(x_i)\| \\ + \|f(x_i) - f(x)\| \leq \varepsilon.$$

D'où la convergence uniforme. □

Dans la suite de ce paragraphe, on suppose que :
- E est un espace topologique compact
- F est un espace de Banach.

On sait alors : $\mathcal{C}^{\infty}(\mathrm{E}, \mathrm{F}) = \mathcal{C}_u(\mathrm{E}, \mathrm{F})$ et c'est aussi un espace de Banach.

Théorème 5.8 (Théorème d'Ascoli). *Soit* $\mathrm{H} \subset \mathcal{C}_u(\mathrm{E}, \mathrm{F})$, *pour que* H *soit relativement compact, il faut et il suffit qu'il vérifie les* 2 *conditions qui suivent :*

a) H *est équicontinu.*

b) Pour tout $x \in \mathrm{E}$, *l'ensemble* $\mathrm{H}(x) = \{f(x) \,/\, f \in \mathrm{H}\}$ *est relativement compact dans* F.

Démonstration. On remarque d'abord que "H relativement compact" équivaut à "H est précompact", car $\mathcal{C}_u(\mathrm{E}, \mathrm{F})$ est complet.
1) supposons H précompact, soit $\varepsilon > 0$: il existe un recouvrement fini de H : $\mathrm{H} \subset \bigcup_{i=1}^{n} \mathrm{B}(f_i, \frac{\varepsilon}{3}]$.
Soit $x \in \mathrm{E}$, si $f \in \mathrm{H}$ il existe i tel que $f \in \mathrm{B}(f_i, \frac{\varepsilon}{3}]$, d'où
$\|f(x) - f(x_i)\| \leq \frac{\varepsilon}{3}$ soit $f(x) \in \mathrm{B}(f_i(x), \frac{\varepsilon}{3}]$.
D'où $\mathrm{H}(x) \subset \bigcup_{i=1}^{n} \mathrm{B}(f_i(x), \frac{\varepsilon}{3}]$, $\mathrm{H}(x)$ est précompact, donc $\mathrm{H}(x)$ est relativement compact.

Par ailleurs, $\{f_1, ..., f_n\}$ est équicontinu, donc si $x \in \mathrm{E}$ il existe un voisinage V de x tel que si $y \in v$, pour tout i : $\|f_i(y) - f_i(x)\| \leq \frac{\varepsilon}{3}$.
Alors, si $f \in \mathrm{H} : f \in \mathrm{B}(f_i, \frac{\varepsilon}{3}]$, si $y \in \mathrm{V}$:

$$\|f(y) - f(x)\| \leq \|f(y) - f_i(y)\| + \|f_i(y) - f_i(x)\| + \|f_i(x) - f(x)\| \leq \varepsilon$$

Donc H est équicontinu.
2) Réciproquement, si on a les conditions a) et b) montrons que H est précompact.
Fixons $\varepsilon > 0$.
H est équicontinu : pour tout $x \in \mathrm{E}$, il existe un voisinage ouvert $\mathrm{V}(x)$ de x tel que si $y \in \mathrm{V}(x)$, pour tout $f \in \mathrm{H}$: $\|f(y) - f(x)\| \leq \frac{\varepsilon}{4}$.
On peut écrire : $\mathrm{E} = \bigcup\limits_{x \in \mathrm{E}} \mathrm{V}(x)$, E étant compact on en extrait un recouvrement fini : $\mathrm{E} = \bigcup\limits_{i=1}^{n} \mathrm{V}(x_i)$.
Chaque $\mathrm{H}(x_i)$ est relativement compact, donc précompact, donc l'ensemble $\mathrm{K} = \bigcup\limits_{i=1}^{n} \mathrm{H}(x_i)$ est aussi précompact ; donc on peut trouver un recouvrement fini : $\mathrm{K} \subset \bigcup\limits_{j=1}^{p} \mathrm{B}(a_j, \frac{\varepsilon}{4}]$.
Appelons Φ l'ensemble de toutes les applications $\varphi : [1,n] \to [1,p]$ (intervalles d'entiers), Φ est un ensemble fini (p^n éléments).
Pour chaque $\varphi \in \Phi$, on pose :

$$\mathrm{H}_\varphi = \left\{ f \in \mathrm{H} \ / \ \text{pour tout } i \in [1,n] : \left\| f(x_i) - a_{\varphi(i)} \right\| \leq \frac{\varepsilon}{4} \right\}.$$

$\mathrm{H} \subset \bigcup\limits_{\varphi \in \Phi} \mathrm{H}_\varphi$, en effet :
Si $f \in \mathrm{H}$, pour tout $i \in [1,n]$, $f(x_i) \in \mathrm{K}$, donc il existe au moins un $j \in [1,p]$ (j que l'on fixe pour i donné) tel que $f(x_i) \in \mathrm{B}(a_j, \frac{\varepsilon}{4}]$, soit $\|f(x_i) - a_j\| \leq \frac{\varepsilon}{4}$. On détermine ainsi une application φ, $\varphi(i) = j$, et $f \in \mathrm{H}_\varphi$.
Enfin, pour tout $\varphi : \triangle(\mathrm{H}_\varphi) \leq \varepsilon$. En effet :
Soient $f, g \in \mathrm{H}_\varphi$ et $x \in \mathrm{E}$. Il existe $i \in [1,n]$ tel que $x \in \mathrm{V}(x_i)$ donc :

$\|f(x) - f(x_i)\| \leq \frac{\varepsilon}{4}$ et $\|g(x) - g(x_i)\| \leq \frac{\varepsilon}{4}$

$$\begin{aligned} \|f(x) - g(x)\| &\leq \|f(x) - f(x_i)\| + \left\|f(x_i) - a_{\varphi(i)}\right\| \\ &+ \left\|a_{\varphi(i)} - g(x_i)\right\| + \|g(x_i) - g(x)\| \\ &\leq \varepsilon \text{ pour tout } x \end{aligned}$$

Donc $\|f - g\|_\infty \leq \varepsilon$, d'où $\triangle(\mathrm{H}_\varphi) \leq \varepsilon$.
H est précompact, donc relativement compact. □

Comme corollaire du théorème d'Ascoli nous avons :

Théorème 5.9 (Théorème d'Arzela). *Si* (f_n) *est une suite équicontinue de* $\mathcal{C}_u(\mathrm{E}, \mathrm{F})$ *telle que pour tout* $x \in \mathrm{E}$, $\{f_n(x)\}_n$ *soit relativement compact, alors de* (f_n) *on peut extraire une suite uniformément convergente.*

Démonstration. En effet :
On prend $\mathrm{H} = \{f_n\}$, d'après le théorème d'Ascoli H est relativement compact, $\overline{\mathrm{H}}$ est compact donc de (f_n) on peut extraire une suite (f_{n_k}) convergente vers un $f \in \overline{\mathrm{H}}$. Ce qui signifie que (f_{n_k}) converge uniformément vers f.

□

Cas particulier

- E espace topologique compact
- F espace normé de dimension finie (donc complet et isomorphe à $\mathbb{R}^n$).

On dira qu'une suite (f_n) de $\mathcal{B}_u(\mathrm{E}, \mathrm{F})$ est **équibornée** s'il existe $\mathrm{M} > 0$ tel que pour tout n : $\|f_n\|_\infty \leq \mathrm{M}$ (donc aussi pour tout x : $\|f_n(x)\| \leq \mathrm{M}$).
Dans ce cas, pour chaque x l'ensemble $\{f_n(x)\}_n$ est borné, donc relativement compact.
D'après le théorème d'Arzela.
De toute suite (f_n) équicontinue et équibornée on peut extraire une suite uniformément convergente.

5.3 Approximations de Stone-Weierstrass

On considère E un espace topologique compact et l'espace euclidien $\mathbb{R}$ (espace de Banach). E étant compact : $\mathcal{C}_u(\mathrm{E}, \mathbb{R}) = \mathcal{C}^{\infty}(\mathrm{E}, \mathbb{R})$ et c'est aussi un espace de Banach (pour la norme de la convergence uniforme : $\|f\|_{\infty} = \sup\limits_{x \in \mathrm{E}} |f(x)|$.
On peut également ordonner $\mathcal{C}(\mathrm{E}, \mathbb{R})$ par :

$$f \leq g \Leftrightarrow \text{ pour tout } x \in \mathrm{E} : f(x) \leq g(x).$$

Théorème 5.10 (Théorème de Dini). *Soit* (f_n) *une suite* ***monotone*** *dans* $\mathcal{C}(\mathrm{E}, \mathbb{R})$ *qui converge simplement vers* $f \in \mathcal{F}(\mathrm{E}, \mathbb{R})$. *Si* f *est continue sur* E, *alors cette convergence est uniforme.*

Démonstration. On suppose que la suite (f_n) est croissante (si elle est décroissante, on raisonne sur la suite $(-f_n)$).
Donc $f_n \leq f_{n+1}$, c'est-à-dire, pour tout $x \in \mathrm{E} : f_n(x) \leq f_{n+1}(x)$.
Pour chaque x fixé, $(f_n(x))$ est une suite croissante dans $\mathbb{R}$, donc $f(x) = Sup_n f_n(x)$.
Fixons $\varepsilon > 0$, pour chaque n posons :

$$\mathrm{E}_n = \{x \in \mathrm{E} \ / \ f(x) - f_n(x) \geq \varepsilon\}$$

$\mathrm{E}_{n+1} \subset \mathrm{E}_n$, car $f(x) - f_{n+1}(x) \leq f(x) - f_n(x)$.
E_n est fermé : soit $g = f - f_n$, g est continue par hypothèse et $\mathrm{E}_n = g^{-1}([\varepsilon, \rightarrow))$.
$\bigcap\limits_n \mathrm{E}_n = \Phi$, en effet s'il existait $x \in \bigcap\limits_n \mathrm{E}_n$, d'après la convergence simple : il existe $\mathrm{N}(\varepsilon, x)$ tel que si $n \geq \mathrm{N}(\varepsilon, x) : |f_n(x) - f(x)| < \varepsilon$, soit
$f(x) - f_n(x) < \varepsilon$, ce qui contredit $x \in \mathrm{E}_n$.
E étant compact, il existe un nombre fini d'indices tels que :

$$\mathrm{E}_{n_1} \cap ... \cap \mathrm{E}_{n_p} = \Phi$$

c'est-à-dire $\mathrm{E}_q = \Phi$ si $q = \max(n_1, ..., n_p)$.
Alors, si $n \geq q : \mathrm{E}_n = \Phi$.
Donc pour tout $x \in \mathrm{E} : f(x) - f_n(x) < \varepsilon$ soit $|f(x) - f_n(x)| < \varepsilon$. Il y a donc bien convergence uniforme. □

5.3.1 Etude des sous-algèbres de $\mathcal{C}_u(\mathrm{E}, \mathbb{R})$

Rappelons que $\mathcal{C}(\mathrm{E}, \mathbb{R})$ est une algèbre commutative et unitaire, c'est-à-dire un espace vectoriel sur $\mathbb{R}$ ($f + g$ et λf).
Un anneau commutatif et unitaire, avec la multiplication : $(fg)(x) = f(x)\, g(x)$.
L'unité est l'application $u : u(x) = 1$ pour tout x.
Avec la propriété : $f \cdot (\lambda g) = (\lambda f) \cdot g = \lambda (fg)$.
Remarquons également :

$$\|fg\| \leq \|f\| \cdot \|g\|.$$

car pour tout x : $|f(x)\, g(x)| \leq |f(x)| \cdot \|g\|$.
On va s'intéresser aux sous-algèbres unitaires A de $\mathcal{C}(\mathrm{E}, \mathbb{R})$, ce qui signifie : A est stable pour les opérations λf, $f + g$, fg. $u \in \mathrm{A}$, donc A contient aussi toutes les applications constantes.

Lemme 5.1. *Si* A *est une sous-algèbre unitaire, alors* $\overline{\mathrm{A}}$ *aussi.*

Démonstration. On sait déja que $\overline{\mathrm{A}}$ est un sous-espace vectoriel.
$u \in \mathrm{A}$, donc $u \in \overline{\mathrm{A}}$.
Soient $f, g \in \overline{\mathrm{A}}$, soit $\alpha > 0$:
il existe $f' \in \mathrm{A}$ telle que $\|f - f'\| \leq \alpha$
il existe $g' \in \mathrm{A}$ telle que $\|g - g'\| \leq \alpha$
$f'g' \in \mathrm{A}$ et $fg - f'g' = (f - f')\, g + (g - g')\, f'$
$\|fg - f'g'\| \leq \alpha (\|g\| + \|f'\|)$
or $f' = (f' - f) + f$, donc $\|f'\| \leq \alpha + \|f\|$
Ainsi $\|fg - f'g'\| \leq \alpha (\alpha + k)$ où $k = \|g\| + \|f\|$.
Etant donné $\varepsilon > 0$, on prend $\alpha \leq Min\left(1, \frac{\varepsilon}{1+k}\right)$: $\|fg - f'g'\| \leq \varepsilon$, donc $fg \in \overline{\mathrm{A}}$. □

Lemme 5.2. *Soit* (p_n) *la suite de polynômes définie par récurrence comme suit :*

$$\begin{cases} p_o = 0 \\ p_{n+1}(t) = p_n(t) + \frac{1}{2}\left(t^2 - p_n(t)^2\right) \end{cases}$$

La suite (p_n) *converge uniformément sur* $[-1, 1]$ *vers la fonction* $t \mapsto |t|$.

Démonstration.

$$\begin{aligned}|t| - p_{n+1}(t) &= |t| - p_n(t) - \frac{1}{2}\left(t^2 - p_n(t)^2\right) \\ &= |t| - p_n(t) - \frac{1}{2}\left[|t| - p_n(t)\right]\left[|t| + p_n(t)\right] \\ &= \left(|t| - p_n(t)\right)\left(1 - \frac{1}{2}\left(|t| + p_n(t)\right)\right)\end{aligned}$$

Par récurrence sur n, on en déduit : $0 \leq p_n(t) \leq |t|$ pour tout $t \in [-1, 1]$. On en déduit alors $p_{n+1}(t) \geq p_n(t)$.
Donc la suite (p_n) de $\mathcal{C}([-1,1], \mathbb{R})$ est croissante.
Pour t fixé, $(p_n(t))$ est une suite croissante bornée, donc converge vers $p(t)$.
On a : $p(t) = p(t) + \frac{1}{2}\left(t^2 - p(t)^2\right)$ et $p(t) \geq 0$.
Donc $p(t) = |t|$ et d'après le théorème de Dini la convergence est uniforme. □

Lemme 5.3. *Soit* A *une sous-algèbre unitaire de* $\mathcal{C}_u(\mathrm{E}, \mathbb{R})$, *si* $f \in \overline{\mathrm{A}}$ *alors* $|f| \in \overline{\mathrm{A}}$.

Démonstration. Le cas $f = 0$ est trivial.
Si $f \neq 0$, posons $g = \frac{f}{\|f\|}$, on a aussi $g \in \overline{\mathrm{A}}$ et $g : \mathrm{E} \to [-1, 1]$.
Pour chaque entier n, posons $u_n = p_n \circ g$ (p_n défini au lemme 5.2) ; $u_n \in \mathcal{C}(\mathrm{E}, \mathbb{R})$.
Si $p_n(t) = a_0 + a_1 t + ... + a_k t^k$: $u_n(x) = a_0 + a_1 g(x) + ... + a_k g(x)^k$, or $g \in \overline{\mathrm{A}}$ qui est une sous-algèbre unitaire, donc $u_n \in \overline{\mathrm{A}}$.
(p_n) converge uniformément sur $[-1, 1]$ vers $p(t) = |t|$.
Etant donné $\varepsilon > 0$, il existe $\mathrm{N}(\varepsilon)$ tel que si $n \geq \mathrm{N}(\varepsilon)$, pour tout $t \in [-1, 1]$: $\left|p_n(t) - |t|\right| \leq \varepsilon$.
Donc pour tout $x \in \mathrm{E}$: $\left|p_n(g(x)) - |g(x)|\right| \leq \varepsilon$.
Donc (u_n) converge uniformément vers $|g|$, c'est-à-dire converge vers $|g|$ dans $\mathcal{C}_u(\mathrm{E}, \mathbb{R})$, donc $|g| \in \overline{\mathrm{A}}$, par suite $|f| \in \overline{\mathrm{A}}$. □

Lemme 5.4. *Soit* A *une sous-algèbre unitaire de* $\mathcal{C}_u(\mathrm{E}, \mathbb{R})$, *si* $f, g \in \overline{\mathrm{A}}$ *alors* $\mathrm{Inf}(f, g) \in \overline{\mathrm{A}}$ *et* $\mathrm{Sup}(f, g) \in \overline{\mathrm{A}}$.

Démonstration. $Inf\,(f,g)$ est défini par :
$Inf\,(f,g)\,(x) = \mathrm{M}in\,(g\,(x)\,,f\,(x))$
$Sup\,(f,g)$ est défini par : $Sup\,(f,g)\,(x) = \mathrm{M}ax\,(g\,(x)\,,f\,(x))$
On a alors :
$Inf\,(f,g) = \frac{1}{2}\,(f+g-|f-g|) \in \overline{\mathrm{A}}$
$Sup\,(f,g) = \frac{1}{2}\,(f+g+|f-g|) \in \overline{\mathrm{A}}$ □

Définition 5.2. *On dit qu'une partie* A *de* $\mathcal{C}\,(\mathrm{E},\mathbb{R})$ *est séparatrice si : quels que soient* $a,b \in \mathrm{E}$ *avec* $a \neq b$*, il existe* $f \in \mathrm{A}$ *tel que* $f\,(a) \neq f\,(b)$.

Lemme 5.5. *Si* A *est une sous-algèbre unitaire séparatrice de* $\mathcal{C}\,(\mathrm{E},\mathbb{R})$*, alors quels que soient* $a,b \in \mathrm{E}$ *avec* $a \neq b$ *et quels que soient* $\alpha,\beta \in \mathbb{R}$*, il existe* $f \in \mathrm{A}$ *tel que :* $f\,(a) = \alpha$ *et* $f\,(b) = \beta$.

Démonstration. Il existe $g \in \mathrm{A}$ tel que $g\,(a) \neq g\,(b)$, on définit alors f par :

$$f\,(x) = \alpha + (\beta - \alpha)\,\frac{g\,(x) - g\,(a)}{g\,(b) - g\,(a)}.$$

On a bien $f \in \mathrm{A}$ et $f\,(a) = \alpha$, $f\,(b) = \beta$. □

Théorème 5.11 (Théorème de Stone-Weierstrass)**.** *Toute sous-algèbre* A *unitaire et séparatrice de* $\mathcal{C}_u\,(\mathrm{E},\mathbb{R})$ *est partout dense dans* $\mathcal{C}_u\,(\mathrm{E},\mathbb{R})$.

Démonstration. Soit $f \in \mathcal{C}_u\,(\mathrm{E},\mathbb{R})$ et soit $\varepsilon > 0$, on va montrer que $\mathrm{B}(f,\varepsilon] \cap \overline{\mathrm{A}} \neq \Phi$.
1) Soient a,b deux points fixés de E :
Il existe $g_{ab} \in \mathrm{A}$ tel que $g_{ab}\,(a) = f\,(a)$ et $g_{ab}\,(b) = f\,(b)$.
En effet, si $a \neq b$ on applique le Lemme 5.5.
Si $a = b$ on prend la fonction croissante $g_{ab}\,(x) = f\,(a)$.
$g_{ab} - f$ est continue sur E, donc en particulier en b : il existe un voisinage ouvert $\mathrm{V}\,(b)$ de b tel que si $x \in \mathrm{V}\,(b)$:

$$|(g_{ab}\,(x) - f\,(x)) - (g_{ab}\,(b) - f\,(b))| \leq \varepsilon$$

soit $|g_{ab}\,(x) - f\,(x)| \leq \varepsilon$ ou : $-\varepsilon \leq g_{ab}\,(x) - f\,(x) \leq \varepsilon$.

2) On fait varier b dans E (a toujours fixé), on peut écrire : $\mathrm{E} = \bigcup\limits_{b \in \mathrm{E}} \mathrm{V}(b)$ et comme E est compact on peut extraire un recouvrement fini :
$\mathrm{E} = \bigcup\limits_{i=1}^{n} \mathrm{V}(b_i)$.
Définissons alors g_a par : $g_a = Inf\,(g_{ab_1}, ..., g_{ab_n})$.
D'après le lemme 5.4 : $g_a \in \overline{\mathrm{A}}$, en outre $g_a(a) = f(a)$.
$f - g_a$ est continue sur E, donc en a : il existe un voisinage ouvert $\mathrm{W}(a)$ de a tel que si $x \in \mathrm{W}(a)$: $|(f(x) - g_a(x)) - (f(a) - g_a(a))| \leq \varepsilon$, soit $|f(x) - g_a(x)| \leq \varepsilon$ ou : $-\varepsilon \leq f(x) - g_a(x) \leq \varepsilon$.
3) On fait varier a dans E : $\mathrm{E} = \bigcup\limits_{a \in \mathrm{E}} \mathrm{W}(a)$ et par compacité :
$\mathrm{E} = \bigcup\limits_{j=1}^{n} \mathrm{W}(a_j)$.
On définit g comme suit $g = Sup\,(g_{a_1}, ..., g_{a_p})$, $g \in \overline{\mathrm{A}}$ (lemme 5.4).
4) Soit maintenant $x \in \mathrm{E}$, x quelconque.
Il existe b_i tel que $x \in \mathrm{V}(b_i)$, donc $g_{ab_i}(x) - f(x) \leq \varepsilon$ soit
$g_{ab_i}(x) \leq \varepsilon + f(x)$
à fortiori $g_a(x) \leq f(x) + \varepsilon$ et ceci pour tout a.
Donc $g(x) \leq f(x) + \varepsilon$.
Il existe a_j tel que $x \in \mathrm{W}(a_i)$, donc $-\varepsilon \leq f(x) - g_{a_j}(x) \leq \varepsilon$, d'où $g_{a_j}(x) \geq f(x) - \varepsilon$.
Donc $g(x) \geq f(x) - \varepsilon$.
Ainsi, pour tout x : $|g(x) - f(x)| \leq \varepsilon$, donc $\|g - f\| \leq \varepsilon$ et $g \in \overline{\mathrm{A}}$, d'où $f \in \overline{\overline{\mathrm{A}}}$, soit $f \in \overline{\mathrm{A}}$.
Donc $\overline{\mathrm{A}}$ est partout dense. □

5.3.2 Application : Approximation par des polynômes

On prend ici pour E une partie compacte de $\mathbb{R}^n$ (euclidien).

Théorème 5.12. *Toute application continue de* E *dans* $\mathbb{R}$ *est limite uniforme sur* E *d'une suite de polynômes (à n variables).*

Démonstration. Soit A l'ensemble des restrictions à E des polynômes $p(x_1, ..., x_n)$.
A est évidemment une sous-algèbre unitaire de $\mathcal{C}(\mathrm{E}, \mathbb{R})$.
A est séparatrice sur E : soient $a, b \in \mathrm{E}$ avec $a \neq b$, $a = (a_1, ..., a_n)$ et

$b = (b_1, ..., b_n)$.
Il existe au moins un indice i tel que $a_i \neq b_i$, on définit alors le polynôme p par $p(x_1, ..., x_n) = x_i$, on a $p(a) \neq p(b)$.
Donc $\overline{\mathrm{A}} = \mathcal{C}_u(\mathrm{E}, \mathbb{R})$, donc si $f \in \mathcal{C}(\mathrm{E}, \mathbb{R})$, f est limite dans $\mathcal{C}_u(\mathrm{E}, \mathbb{R})$ d'une suite dans A, c'est-à-dire limite uniforme d'une suite de polynômes.

5.3.2.1 Illustration graphique

Prenons $\mathrm{E} = [a, b] \subset \mathbb{R}$ et $f \in \mathcal{C}([a, b], \mathbb{R})$, alors pour tout $\varepsilon > 0$, il existe un polynôme $p(x)$ tel que $\|f - p\| \leq \varepsilon$, c'est-à-dire : pour tout $x \in [a, b]$: $f(x) - \varepsilon \leq p(x) \leq f(x) + \varepsilon$.

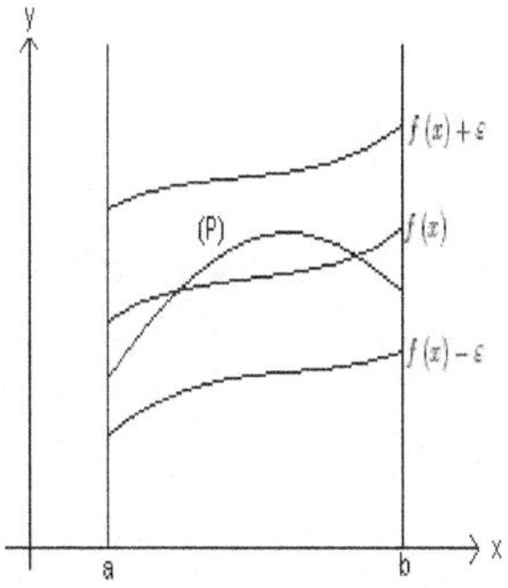

5.3.3 Cas des fonctions à valeurs complexes

E est toujours un espace topologique compact, mais on considère $\mathcal{C}_u(\mathrm{E}, \mathbb{C}) = \mathcal{C}^\infty(\mathrm{E}, \mathbb{C})$ où $\mathbb{C}$ est le corps des complexes muni de la norme usuelle (module, c'est-à-dire norme euclidienne de $\mathbb{R}^2$.
Si $f \in \mathcal{C}(\mathrm{E}, \mathbb{C})$, on notera $\overline{f}$ l'application conjuguée : $\overline{f}(x) = \overline{f(x)}$, on a aussi $\overline{f} \in \mathcal{C}(\mathrm{E}, \mathbb{C})$.
$\mathcal{C}(\mathrm{E}, \mathbb{R}) \subset \mathcal{C}(\mathrm{E}, \mathbb{C})$ mais ce n'est pas un sous-espace vectoriel.
Le théorème de Stone Weierstrass se généralise avec une hypothèse supplémentaire.

Théorème 5.13. *Si* A *est une sous-algèbre de* $\mathcal{C}_u(\mathrm{E}, \mathbb{C})$, *unitaire, séparatrice et stable par conjugaison* $\left(f \in \mathrm{A} \Rightarrow \overline{f} \in \mathrm{A}\right)$, *alors* A *est* *partout dense.*

Démonstration. Posons $A_0 = A \cap \mathcal{C}(E, \mathbb{R})$, A_0 est une sous-algèbre unitaire de $\mathcal{C}(E, \mathbb{R})$.
Si $f \in A$: $\mathcal{R}(f) \in A_0$ car $\mathcal{R}(f) = \frac{1}{2}\left(f + \overline{f}\right)$ et $\mathcal{I}(f) = \frac{1}{2i}\left(f - \overline{f}\right)$.
A_0 est séparatrice dans $\mathcal{C}(E, \mathbb{R})$: soient $a, b \in E$ avec $a \neq b$, il existe $f \in A$ tel que $f(a) \neq f(b)$, donc $\mathcal{R}(f(a)) \neq \mathcal{R}(f(b))$ ou $\mathcal{I}(f(a)) \neq \mathcal{I}(f(b))$.
Donc $\overline{A_0} = \mathcal{C}(E, \mathbb{R})$.
Soit alors $f \in \mathcal{C}_u(E, \mathbb{C})$, soit $\varepsilon > 0$: $f = u + iv$: $u, v \in \mathcal{C}_u(E, \mathbb{R})$ donc $u, v \in \overline{A_0}$: il existe $u', v' \in \overline{A_0}$ (à fortiori $u', v' \in A$) tels que $\|u - u'\| \leq \frac{\varepsilon}{2}$ et $\|v - v'\| \leq \frac{\varepsilon}{2}$.
$f' = u' + iv' \in A$ et $\|f - f'\| \leq \|u - u'\| + \|v - v'\| \leq \frac{\varepsilon}{2}$.
D'où $f \in \overline{A}$.
Donc A est partout dense. □

5.3.4 Application : Approximation par des polynômes trigonométriques

Soit U le cercle unité de $\mathbb{C}$: $U = \{z \in \mathbb{C} \ / \ |z| = 1\}$.
U est borné et fermé, donc compact.
Définissons $A \subset \mathcal{C}_u(U, \mathbb{C})$ comme suit :
A est l'ensemble des applications P de U dans $\mathbb{C}$ du type :

$$p(z) = \sum_{n \in \mathbb{Z}} \alpha_n z^n, \quad \alpha_n \in \mathbb{C}$$

les α_n sont presque partout nuls (il s'agit donc de sommes finies).
A est évidemment une sous-algèbre unitaire.
A est séparatrice, en prenant $p(z) = z$.
A est stable par conjugaison : $\overline{p}(z) = \sum \overline{\alpha}_n \overline{z^n}$ et $\overline{z^n} = z^{-n}$.
Donc $\overline{A} = \mathcal{C}(U, \mathbb{C})$.
p l'application de $\mathbb{R}$ dans U ainsi définie $p(x) = e^{2inx}$, p est continue et périodique de période 1.
$\mathcal{P}_1(\mathbb{R}, \mathbb{C})$: ensemble des applications continues 1-périodiques de $\mathbb{R}$ dans $\mathbb{C}$.
$\mathcal{P}_1(\mathbb{R}, \mathbb{C}) \subset \mathcal{C}^\infty(\mathbb{R}, \mathbb{C})$, donc $\mathcal{P}_1(\mathbb{R}, \mathbb{C})$ peut être muni de la norme de

la convergence uniforme.
φ l'application de $\mathcal{C}_u(\mathrm{U}, \mathbb{C})$ dans $\mathcal{P}_1(\mathbb{R}, \mathbb{C})$ définie par :

$$\varphi(p) = \varphi \circ p$$

($\varphi \circ p$ est bien continue 1-périodique)
φ est une isométrie linéaire surjective (donc à fortiori un isomorphisme d'espaces normés). En effet :
1) φ est linéaire : $\begin{array}{l}(f+g) \circ p = f \circ p + g \circ p \\ (\lambda f) \circ p = \lambda (f \circ p)\end{array}$
2) φ est isométrique :
$\|\varphi(f)\|_\infty = \sup\limits_{x \in \mathbb{R}} |f(e^{2inx})| = \sup\limits_{z \in \mathrm{U}} |f(z)| = \|f\|_\infty$.
3) φ est surjective :
Soit $\mathrm{F} \in \mathcal{P}_1(\mathbb{R}, \mathbb{C})$, définissons $f : \mathrm{U} \to \mathbb{C}$ par :
$f\left(e^{i\theta}\right) = \mathrm{F}\left(\frac{\theta}{2\pi}\right)$, on a bien $f \in \mathcal{C}(\mathrm{U}, \mathbb{C})$ et :
$f(p(x)) = f\left(e^{2i\pi x}\right) = \mathrm{F}(x)$, donc $\mathrm{F} = f \circ p = \varphi(f)$.
Il en résulte :

$$\overline{\varphi(\mathrm{A})} = \mathcal{P}_1(\mathbb{R}, \mathbb{C})$$

$\varphi(\mathrm{A})$ est l'ensemble des applications T de $\mathbb{R}$ dans $\mathbb{C}$ de la forme :

$$\mathrm{T}(x) = \sum_{n \in \mathbb{Z}} \alpha_n e^{2i\pi x} \quad \text{(sommes finies)}$$

Ces applications seront appelées des **polynômes trigonométriques**.
On a donc le résultat suivant :

Théorème 5.14. *Toute application de $\mathbb{R}$ dans $\mathbb{C}$, continue et 1-périodique, est limite uniforme d'une suite de polynômes trigonométriques.*

Remarque 5.3. 1) *La valeur de la période importe peu : si f est t-périodique, alors g définie par $g(x) = f(tx)$ est 1-périodique.*
2) *Le théorème précédent constitue un des éléments de la théorie des séries de Fourier.*

5.4 Problèmes de meilleure approximation

5.4.1 Position du problème

On considère E un espace topologique compact.
$\mathcal{C}_u(\mathrm{E}, \mathbb{R}) = \mathcal{C}^\infty(\mathrm{E}, \mathbb{R})$.
$\{g_1, \ldots, g_n\}$ une partie finie fixée de $\mathcal{C}(\mathrm{E}, \mathbb{R})$, qui sera appelée le **système d'approximation.**
F le sous-espace vectoriel de $\mathcal{C}(\mathrm{E}, \mathbb{R})$ engendré par $\{g_1, ..., g_n\}$, c'est-à-dire l'ensemble des combinaisons linéaires $g = \sum\limits_{i=1}^{n} \lambda_i g_i$.

5.4.1.1 Problème

Etant donnée $f \in \mathcal{C}(\mathrm{E}, \mathbb{R})$, peut-on trouver $g \in \mathrm{F}$ telle que $\|f - g\|_u$ soit minimum ?
Si cela est possible on dira que g est une meilleure approximation de f par $\{g_1, ..., g_n\}$.
Les problèmes qui se poseront seront l'existence, l'unicité et la construction de g.
Il s'agit donc ici d'une approximation uniforme par un type de fonctions imposé. Par exemple, si E est un compact de $\mathbb{R}$ on peut prendre comme systèmes d'approximation.
$\{1, x, x^2, ..., x^n\}$: approximation par un poplynôme de dégré n fixé.
$\{1, \cos x, \cos 2x, ..., \cos nx\}$ etc ..
Ce problème est très différent de l'approximation de Stone-Weierstrass où l'on impose $\|f - g\|_u \leq \varepsilon$ pour tout ε, mais où g est, par exemple, un polynôme inconnu (qui dépendra de ε). Ici, g est de nature bien déterminée et on exige simplement que $\|f - g\|_u$ soit minimum.
L'existence d'une meilleure approximation ne présente aucune difficulté.

5.4.2 Théorème d'existence

Théorème 5.15. *Pour tout $f \in \mathcal{C}(\mathrm{E}, \mathbb{R})$, il existe une meilleure approximation de f par $\{g_1, ..., g_n\}$.*

Démonstration. F est un sous-espace de dimension finie p $(p \leq n)$,

donc il est isomorphe à $\mathbb{R}^p$.
Soit $\delta = d(f, \mathrm{F}) \inf_{g \in \mathrm{F}} \|f - g\|$. Il s'agit de montrer que δ est atteint.
Fixons $h \in \mathrm{F}$ et soit $\mathrm{G} = \{g \in \mathrm{F} \ / \ \|f - g\| \leq \|f - h\|\}$, on a $h \in \mathrm{G}$.
$\mathrm{G} = \mathrm{B}(f, \|f - h\|] \cap \mathrm{F}$, donc G est borné et fermé sur F, donc G est compact.
Soit $\delta' = d(f, \mathrm{G})$: δ' est atteint en un point $g_0 \in \mathrm{G}$, $\delta' = \|f - g_0\|$.
$\mathrm{G} \subset \mathrm{F}$, donc $\delta \leq \delta'$.
Soit $g \in \mathrm{F}$:

Si $g \in \mathrm{G} : \delta' \leq d(f, g)$.

Si $g \notin \mathrm{G} : \|f - h\| < \|f - g\|$, or $\delta' \leq \|f - h\|$ donc $\delta' \leq d(f, g)$
D'où $\delta' \leq \delta$, donc $\delta' = \delta = \|f - g_0\|$: g_0 est une meilleure approximation. □

5.4.3 Première caractérisation

Soient $f \in \mathcal{C}(\mathrm{E}, \mathbb{R})$, $g \in \mathrm{F}$, $g = \sum_{i=1}^{n} \lambda_i g_i$.
Posons $r = g - f \in \mathcal{C}(\mathrm{E}, \mathbb{R})$, l'application $x \in \mathrm{E} \xrightarrow{\varphi} |r(x)|$ est continue sur E compact, donc atteint sa borne supérieure sur E, autrement dit il existe des $x \in \mathrm{E}$ tels que $\|r\|_\infty = |r(x)|$.
Soit $\mathrm{B} = \{x \in \mathrm{E} \ / \ \|r\| = |r(x)|\}$

$$\begin{array}{rcl} x \in \mathrm{B} & \Leftrightarrow & \varphi(x) = \|r\| \\ & \Leftrightarrow & x \in \varphi^{-1}(\{\|r\|\}) \end{array}, \ \mathrm{B} = \varphi^{-1}(\{\|r\|\}), \text{ donc B est fermé,}$$

par suite B est compact.
Posons $\widetilde{x} = (g_1(x), ..., g_n(x)) \in \mathbb{R}^n$, pour tout $x \in \mathrm{E}$.
$\mathrm{A} = \{r(x) \cdot \widetilde{x}\}_{x \in \mathrm{B}} \subset \mathbb{R}^n$.
A est aussi compact car c'est l'image de B par l'application continue $x \mapsto (r(x) \cdot g_1(x), ..., r(x) \cdot g_n(x))$.
K (A) désigne l'enveloppe convexe de A.

Théorème 5.16. *Pour que g soit une meilleure approximation de f, il faut et il suffit que* $\mathrm{O} \in \mathrm{K}(\mathrm{A})$.

Démonstration. On rappelle le théorème : $\mathrm{O} \notin \mathrm{K}(\mathrm{A})$ équivaut à : il existe $\theta \in \mathbb{R}^n$ tel que pour tout $r(x) \cdot \widetilde{x} \in \mathrm{A}$, $\langle \theta, r(x) \cdot \widetilde{x} \rangle > 0$.
1) Supposons $\mathrm{O} \in \mathrm{K}(\mathrm{A})$, raisonnons par l'absurde en supposant $\|r\|$

non minimum, donc il existe $h \in \mathrm{F}$, $h = \sum\limits_{i=1}^{n} \mu_i g_i$ tel que $\|f - h\|$.
Posons $\theta_i = \lambda_i - \mu_i$, et $\theta = \{\theta_1, ... \theta_n\} \in \mathbb{R}^n$.
Si $x \in \mathrm{B}$:

$$\begin{aligned}\left| r(x) - \sum_{i=1}^{n} \theta_i g_i(x) \right| &= \left| \sum_{i=1}^{n} \lambda_i g_i(x) - f(x) - \sum_{i=1}^{n} \theta_i g_i(x) \right| \\ &= \left| \sum_{i=1}^{n} \mu_i g_i(x) - f(x) \right| \\ &\leq \|f - h\| \\ &< \|r\| = |r(x)|\end{aligned}$$

D'où $\left(r(x) - \sum\limits_{i=1}^{n} \theta_i g_i(x) \right)^2 < r(x)^2$.
D'où $\left(\sum\limits_{i=1}^{n} \theta_i g_i(x) \right)^2 - 2r(x) \sum\limits_{i=1}^{n} \theta_i g_i(x) < 0$.
Donc $r(x) \sum\limits_{i=1}^{n} \theta_i g_i(x) > 0$, soit $r(x) \cdot \langle \theta, \widetilde{x} \rangle > 0$ ou $\langle \theta, r(x) \widetilde{x} \rangle > 0$ ceci pour tout $r(x) \cdot \widetilde{x} \in \mathrm{A}$, ce qui contredit $\mathrm{O} \in \mathrm{K}(\mathrm{A})$.
Donc g est une meilleure approximation.
2) Supposons que g soit une meilleure approximation, donc $\|r\|$ est minimum.
Raisonnons par l'absurde en supposant $\mathrm{O} \notin \mathrm{K}(\mathrm{A})$.
Donc il existe $\theta = (\theta_1, ..., \theta_n) \in \mathbb{R}^n$ tel que pour tout $x \in \mathrm{B}$: $\langle \theta, r(x) \widetilde{x} \rangle > 0$.
L'application ψ de E dans $\mathbb{R}$: $\psi(x) = \langle \theta, r(x) \widetilde{x} \rangle$ est continue sur E. En particulier sur le compact B, donc elle atteint sa borne inférieure sur B.
Posons $\varepsilon = \inf\limits_{x \in \mathrm{B}} \langle \theta, r(x) \widetilde{x} \rangle$, on a donc $\varepsilon > 0$.
Posons $\mathrm{C} = \left\{ x \in \mathrm{E} \ / \ \langle \theta, r(x) \widetilde{x} \rangle \leq \frac{\varepsilon}{2} \right\} = \psi^{-1}\left((\leftarrow, \frac{\varepsilon}{2}] \right)$, donc C est fermé, donc compact.
En outre $\mathrm{C} \cap \mathrm{B} = \Phi$.
$m = \sup\limits_{x \in \mathrm{C}} |r(x)|$ est atteint en un point de C : $m = |r(x_0)|$, $x_0 \in \mathrm{C}$.
On a évidemment $m \leq \|r\|$ et $m \neq \|r\|$ car $x_0 \notin \mathrm{B}$, donc $m < \|r\|$.
On a $\left\| \sum\limits_{i=1}^{n} \theta_i g_i \right\| > 0$, sinon pour tout x, $\sum\limits_{i=1}^{n} \theta_i g_i(x) = 0$, donc $\langle \theta, r(x) \widetilde{x} \rangle = 0$.

On peut alors choisir λ tel que :

$$0 < \lambda < \mathrm{Min}\left[\frac{\|r\| - m}{\left\|\sum\limits_{i=1}^{n} \theta_i g_i\right\|}, \frac{\varepsilon}{\left\|\sum\limits_{i=1}^{n} \theta_i g_i\right\|^2}\right]$$

Soit alors $x \in \mathrm{E}$.

- Si $x \in \mathrm{C}$:

$$\left|r(x) - \lambda \sum_{i=1}^{n} \theta_i g_i\right| \leq |r(x)| + \lambda \left|\sum_{i=1}^{n} \theta_i g_i\right| \leq m + \lambda \left\|\sum_{i=1}^{n} \theta_i g_i\right\| < \|r\|$$

- Si $x \notin \mathrm{C}$:
  $\langle \theta, r(x)\widetilde{x}\rangle > \frac{\varepsilon}{2}$

$$\begin{aligned}\left(r(x) - \lambda \sum_{i=1}^{n} \theta_i g_i\right)^2 &= (r(x))^2 - 2\lambda\langle \theta, r(x)\widetilde{x}\rangle + \lambda^2 \left(\sum_{i=1}^{n} \theta_i g_i\right)^2 \\ &< \|r\|^2 - \lambda\varepsilon + \lambda^2 \left\|\sum_{i=1}^{n} \theta_i g_i\right\|^2 \\ &< \|r\|^2 .\end{aligned}$$

Finalement, pour tout $x \in \mathrm{E}$: $\left|r(x) - \lambda \sum\limits_{i=1}^{n} \theta_i g_i\right| < \|r\|$.

En posant $g'(x) = \sum\limits_{i=1}^{n} (\lambda_i - \lambda\theta_i)\, g_i(x)$, on a :

$$\begin{aligned}|g'(x) - f(x)| &= \left|\sum_{i=1}^{n} \lambda_i g_i(x) - f(x) - \lambda \sum_{i=1}^{n} \theta_i g_i(x)\right| \\ &= \left|r(x) - \lambda \sum_{i=1}^{n} \theta_i g_i(x)\right| \\ &< \|r\|\end{aligned}$$

$\|g' - f\| = \sup\limits_{x \in \mathrm{E}} |g'(x) - f(x)|$ est également atteint sur E.
Donc $\|g' - f\| < \|r\|$, ce qui est contradictoire.
Donc $\mathrm{O} \in \mathrm{K}(\mathrm{A})$. □

5.4.4 Condition de Haar

Dans toute la suite, nous supposerons que $\mathrm{E} = [a, b]$, c'est-à-dire un intervalle fermé, donc un compact de $\mathbb{R}$.

Définition 5.3. *On dit que le système d'approximation* $\{g_1, ..., g_n\}$ *vérifie* ***la condition de Haar****, ou encore que c'est un* ***système de Tchebycheff*** *si :*
Quels que soient n points distincts $x_1, ..., x_n$ *de* $[a, b]$*, le système de n vecteurs* $\{\widetilde{x}_1, ..., \widetilde{x}_n\}$ *est libre dans* $\mathbb{R}^n$*.*
On rappelle : $\widetilde{x} = (g_1(x), ..., g_n(x)) \in \mathbb{R}^n$*.*
On posera :

$$\mathrm{D}(x_1, ..., x_n) = \det(\widetilde{x}_1, ..., \widetilde{x}_n) = \begin{vmatrix} g_1(x_1) & \ldots\ldots & g_1(x_n) \\ \ldots\ldots & \ldots\ldots & \ldots\ldots \\ g_n(x_1) & \ldots\ldots & g_n(x_n) \end{vmatrix}$$

La condition de Haar s'exprime donc par $\mathrm{D}(x_1, ..., x_n) \neq 0$*.*

Exemple 5.2. *Le système* $g_1(x) = 1,\ g_2(x) = x,\ \ldots\ g_n(x) = x^{n-1}$ *est un système de Tchebycheff, car :*

$$\mathrm{D}(x_1, ..., x_n) = \begin{vmatrix} 1 & 1 & \ldots. & 1 \\ x_1 & x_2 & \ldots. & x_n \\ x_1^2 & x_2^2 & \ldots. & x_n^2 \\ \ldots. & \ldots. & \ldots. & \ldots. \\ x_1^{n-1} & x_2^{n-1} & \ldots. & x_n^{n-1} \end{vmatrix} = \prod_{1 \leq i < j \leq n} (x_j - x_i) \neq 0$$

(déterminant de Vander Monde)

5.4.5 Deuxième caractérisation

Dans toute la suite, on suppose que $\{g_1, ..., g_n\}$ est un système de Tchebycheff défini sur $[a, b]$.

Lemme 5.6. *Pour toute suite de n points de* $[a, b]$ *strictement croissante,* $a \leq x_1 < x_2 < ... < x_n \leq b$*, le déterminant* $\mathrm{D}(x_1, ..., x_n)$ *a un signe constant.*

Démonstration. Soient deux suites strictement croissantes
$a \leq x_1 < x_2 < ... < x_n \leq b$; $a \leq y_1 < y_2 < ... < y_n \leq b$ et supposons $\mathrm{D}(x_1, ..., x_n) < 0 < \mathrm{D}(y_1, ..., y_n)$.
L'application : $t \in [0, 1] \overset{\varphi}{\rightarrow} \mathrm{D}(tx_1 + (1-t)y_1, ..., tx_n + (1-t)y_n)$ est continue (somme et produits de fonctions $g_i(tx_j + (1-t)y_j)$ sur $[0, 1]$,

qui est connexe, donc elle prend toutes les valeurs entre :
$\varphi(0) = \mathrm{D}(y_1, ..., y_n)$ et $\varphi(1) = \mathrm{D}(x_1, ..., x_n)$.
Donc il existe $t \in]0, 1[$ tel que $\varphi(t) = 0$.
Les n points $tx_j + (1-t)y_j$ appartiennet à $[a, b]$, donc d'après la condition de Haar ils ne sont pas tous distincts.
Donc, il existe j et k, $j \neq k$ tels que : $tx_j + (1-t)y_j = tx_k + (1-t)y_k$.
Soit $t(x_j - x_k) = (1-t)(y_k - y_j)$, donc $x_j - x_k$ et $y_k - y_j$ seraient de signes opposés, ce qui est contradictoire.

□

Lemme 5.7. *Soient $n+1$ points x_i tels que : $a \leq x_0 < x_1 < ... < x_n \leq b$,*
Soient $\lambda_0, \lambda_1, ..., \lambda_n$ des nombres réels non nuls.
On pose $\mathrm{H} = \{\lambda_0\widetilde{x}_0, \lambda_1\widetilde{x}_1, ..., \lambda_n\widetilde{x}_n\}$ $(\mathrm{H} \subset \mathbb{R}^n)$.
Il y a équivalence entre :
1) $0 \in \mathrm{K}(\mathrm{H})$.
2) *pour tout i, λ_i et λ_{i-1} sont de signes opposés.*

Démonstration. *a*) $0 \in \mathrm{K}(\mathrm{H})$ équivaut à : il existe $t_0, t_1, ...t_n$ strictement positifs tels que

$$0 = \sum_{i=0}^{n} t_i\lambda_i\widetilde{x}_i \tag{5.2}$$

En effet
Si $0 \in \mathrm{K}(\mathrm{H})$: $0 = \sum_{i=0}^{n} t_i\lambda_i\widetilde{x}_i$, avec, pour tout i $t_i \geq 0$, et $\sum_{i=0}^{n} t_i = 1$.
Si l'un des t_i était nul, par exemple $t_0 = 0$, on aurait $\sum_{i=0}^{n} t_i\lambda_i\widetilde{x}_i = 0$, ce qui contredirait la condition de Haar. Donc, pour tout i, $t_i > 0$.
Réciproquement, si $0 = \sum_{i=0}^{n} t_i\lambda_i\widetilde{x}_i$, avec, pour tout i, $t_i > 0$, alors en posant $s = \sum_{i=0}^{n} t_i$: $0 = \sum_{i=0}^{n} \frac{t_i}{s}\lambda_i\widetilde{x}_i$, avec $\frac{t_i}{s} > 0$ et $\sum_{i=0}^{n} \frac{t_i}{s} = 1$, donc $0 \in \mathrm{K}(\mathrm{H})$.
b) Ecrivons alors (5.2) sous la forme équivalente : $\sum_{i=0}^{n} t_i\lambda_i\widetilde{x}_i = -t_0\lambda_0\widetilde{x}_0$.

Soit

$$\begin{cases} t_1\lambda_1 g_1(x_1) + ... + t_n\lambda_n g_1(x_n) = -t_0\lambda_0 g_0(x_0) \\ \dotfill \\ t_1\lambda_1 g_n(x_1) + ... + t_n\lambda_n g_n(x_n) = -t_0\lambda_0 g_n(x_0) \end{cases} \tag{5.3}$$

$t_0 > 0$ étant supposé fixé arbitrairement, on peut considérer (5.3) comme un système de Cramer aux inconnues $t_1\lambda_1, ..., t_n\lambda_n$.
D'après les formules de Cramer, on a :

$$t_i\lambda_i = -t_0\lambda_0 \frac{\mathrm{D}_i}{\mathrm{D}(x_1, ..., x_n)}$$

où

$$\mathrm{D}_i = \begin{vmatrix} g_1(x_1) & .... & g_1(x_{i-1}) & g_1(x_0) & g_1(x_{i+1}) & .... & g_1(x_n) \\ \\ g_n(x_1) & .... & g_n(x_{i-1}) & g_n(x_0) & g_n(x_{i+1}) & & g_n(x_n) \end{vmatrix}$$

$\mathrm{D}_i = \det(\widetilde{x}_1, ..., \widetilde{x}_{i-1}, \widetilde{x}_0, \widetilde{x}_{i+1}, ...\widetilde{x}_n) = (-1)^{i-1}\mathrm{D}'_i$ avec
$\mathrm{D}'_i = \det(\widetilde{x}_0, \widetilde{x}_1, ..., \widetilde{x}_{i-1}, \widetilde{x}_{i+1}, ...\widetilde{x}_n)$
D'après le lemme 1, D'_i a le même signe que $\mathrm{D}(x_1, ..., x_n)$.
Ainsi : $t_i\lambda_i = (-1)^i t_0\lambda_0 k \quad \left(k = \frac{\mathrm{D}'_i}{\mathrm{D}(x_1,...,x_n)} > 0\right)$.
Donc $t'_i > 0$ pour tout i, équivaut à : $sgn(\lambda_i) = (-1)^i sgn(\lambda_0)$. □

Ces deux lemmes étant établis, reprenons les notations de la première caractérisation :
$f \in \mathcal{C}([a, b], \mathbb{R})$
$g = \sum\limits_{i=0}^{n} \lambda_i g_i$, $r = g - f$ (on suppose $f \notin \mathrm{F}$)
$\mathrm{B} = \{x \in [a, b] \ / \ |r(x| = \|r\|\}$
$\mathrm{A} = \{r(x)\widetilde{x}\}_{x\in\mathrm{B}}$.
On dira que r **présente k alternances** s'il existe une suite strictement croissante $x_0 < x_1 < ... < x_{k-1}$ de k points de B telle que pour tout i, $r(x_i) = -r(x_{i-1})$.

Théorème 5.17 (Théorème d'alternance). *Pour que g soit une meilleure approximation de f, il faut et il suffit que r présente $r+1$ alternances.*

Démonstration. D'après la première caractérisation, g est une meilleure approximation de f équivaut à : $0 \in \mathrm{K}(\mathrm{A})$.
D'après le théorème de Carathéodory, $0 \in \mathrm{K}(\mathrm{A})$ équivaut à : $0 = \sum_{i=0}^{k} t_i r(x_i)\widetilde{x}_i$, avec pour tout i, $t_i > 0$, $\sum_{i=0}^{k} t_i = 1$, $k \leq n$, les x_i tous distincts.
Mais d'après la condition de Haar : $k \geq n$ (car $r(x_i) \neq 0$). Donc $k = n$.
D'après le lemme 2, avec $\lambda_i = r(x_i)$. $0 \in \mathrm{K}(\mathrm{A})$ équivaut à : $r(x_i)$ et $r(x_{i-1})$ sont de signes opposés, c'est-à-dire : $r(x_i) = r(x_{i-1})$. □

Théorème 5.18 (Théorème d'unicité). *On suppose toujours avoir la condition de Haar sur $[a,b]$: La meilleure approximation de f est unique.*

Démonstration. On suppose toujours avoir deux meilleures approximations de f :
$g = \sum_{i=1}^{n} \lambda_i g_i$ et $h = \sum_{i=1}^{n} \mu_i g_i$, donc $\|f-g\| = \|f-h\| = \alpha$ (minimum)

Soit $\varphi = \frac{1}{2}(g+h)$, $\varphi \in \mathrm{H}$ et :

$$\|f-\varphi\| = \left\|f - \frac{1}{2}(g+h)\right\| = \frac{1}{2}\|2f-(g+h)\|$$
$$\leq (\|f-g\| + \|f-h\|) = \alpha$$

donc $\|f-h\| = \alpha$: φ est aussi une meilleure approximation de f.
Soit B l'ensemble relatif à φ, c'est-à-dire :

$$\mathrm{B} = \{x \in [a,b] \ / \ |f(x) - \varphi(x)| = \alpha\}$$

D'après le théorème d'alternance, il existe $x_0 < x_1 < ... < x_n$, $x_i \in \mathrm{B}$ tels que $f(x_i) - \varphi(x_i) = \varepsilon(-1)^i \alpha$ pour tout i ($\varepsilon = \pm 1$) :
Soit : $\frac{1}{2}(f(x_i) - g(x_i)) + \frac{1}{2}(f(x_i) - h(x_i)) = \varepsilon(-1)^i \alpha$
or $|f(x_i) - g(x_i)| \leq \alpha$ et $|f(x_i) - h(x_i)| \leq \alpha$
et $\alpha \leq \frac{1}{2}|f(x_i) - g(x_i)| + \frac{1}{2}|f(x_i) - h(x_i)|$.
D'où $|f(x_i) - g(x_i)| = |f(x_i) - h(x_i)| = \alpha$, et par suite :
$f(x_i) - g(x_i) = f(x_i) - h(x_i)$.

Ainsi $g(x_i) = h(x_i)$ pour tout $i = 0, ..., n$.
Supposons $g \neq h$, il existe au moins un indice i tel que $\lambda_i \neq \mu_i$, pour simplifier on suppose $\lambda_1 \neq \mu_1$.

$$\mathrm{D}(x_1 \ldots, x_n) = \frac{1}{\lambda_1 - \mu_1} \begin{vmatrix} (\lambda_1 - \mu_1) g_1(x_1) & \ldots & (\lambda_1 - \mu_1) g_1(x_n) \\ g_2(x_1) & \ldots & g_2(x_n) \\ \cdots & \ldots & \cdots \\ g_n(x_1) & \ldots & g_n(x_n) \end{vmatrix}$$

$$= \frac{1}{\lambda_1 - \mu_1} \begin{vmatrix} \sum\limits_{i=1}^{n} (\lambda_i - \mu_i) g_i(x_1) & \ldots & \sum\limits_{i=1}^{n} (\lambda_i - \mu_i) g_i(x_n) \\ g_2(x_1) & \ldots & g_2(x_n) \\ \cdots & \ldots & \cdots \\ g_n(x_1) & \ldots & g_n(x_n) \end{vmatrix}$$

Donc $\mathrm{D}(x_1, ..., x_n) = 0$, ce qui contredit la condition de Haar.
Donc $g = h$.

Exemple 5.3. *Dans $\mathcal{C}([0,1], \mathbb{R})$ on cherche la meilleure approximation de $f(x) = \sin \frac{\pi x}{2}$ par le système de Tchebycheff $\{1, x\}$, c'est-à-dire par un polynôme du 1er dégré : $g(x) = \lambda_0 + \lambda_1 x$.*
D'après la deuxième caractérisation, il faut et il suffit que $r = g - f$ présente 3 alternances.
Les points d'alternances sont : $x_0 = 0$, $x_1 : 0 < x_1 < 1$, $x_2 = 1$

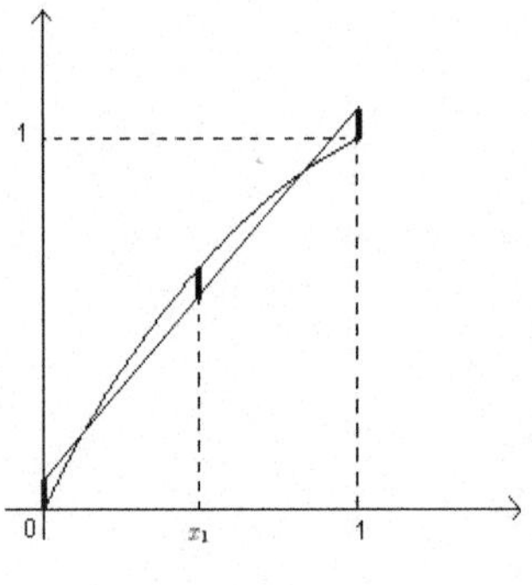

Posons $\alpha = \|r\|$, donc : $r(0) = \alpha$, $r(x_1) = -\alpha$, $r(1) = \alpha$.
Il y a 4 inconnues : $\lambda_0, \lambda_1, \alpha, x_1$.

Les 3 relations précédentes donnent : $\begin{cases} \lambda_0 = \alpha \\ \lambda_0 + \lambda_1 x_1 - \sin \frac{\pi x_1}{2} = -\alpha \\ \lambda_0 + \lambda_1 - 1 = \alpha \end{cases}$

Exemple 5.4. *En outre,* x_1 *est un extrémum pour* $r(x)$*, donc* $g'(x_1) - f'(x_1) = 0$*, soit* $\lambda_1 - \frac{\pi}{2}\cos\frac{\pi x_1}{2} = 0$.
On obtient ainsi :
$\lambda_1 = 1$
$\cos\frac{\pi x_1}{2} = \frac{2}{\pi}$ *d'où* $x_1 = 0,5605...$
$\alpha = \lambda_0 = \frac{1}{2}\left(\sin\frac{\pi x_1}{2} - x_1\right) = 0,1053...$

N.B. Il s'agit d'une approximation globale à ne pas confondre avec les approximations locales (i.e les tangentes en chaque point)

Chapitre 6

Exercices

Exercice 6.1.

Montrer que dans la définition d'une distance, l'axiome d'inégalité triangulaire peut être remplacé par l'axiome (plus faible) suivant : Si a, b, $c \in$ X sont distincts alors

$$d(a,c) \leq d(a,b) + d(b,c).$$

Exercice 6.2.

Montrer que d définie comme suit sur un ensemble X est une distance,

$$d(a,b) = \begin{cases} 1 \text{ si } a \neq b \\ 0 \text{ si } a = b \end{cases}$$

Exercice 6.3.

Soit d une distance sur un ensemble non vide X. Montrer que l'application e définie par

$$e(a,b) = min(1, d(a,b))$$

où a, $b \in$ X est également une distance sur X.

Exercice 6.4.

Soit d une distance définie sur un ensemble non vide X. Montrer que l'application e définie par

$$e(a,b) = \frac{d(a,b)}{1+d(a,b)}$$

où a, $b \in$ X est également une distance sur X.

Exercice 6.5.

Soit S une boule ouverte de centre p et de rayon δ, c'est-à-dire $S = S(p,\delta)$. Alors pour tout point $q \in S$, il existe une boule ouverte T centrée en q telle que T soit contenue dans S.

Exercice 6.6.

Soient δ_1 et δ_2 deux réels tels que $0 \leq \delta_1 \leq \delta_2$. Montrer que la boule ouverte $S(p,\delta_1)$ est contenue dans la boule ouverte $S(p,\delta_2)$.

Exercice 6.7.

Soient S_1 et S_2 deux boules ouvertes et soit $p \in S_1 \cap S_2$. Démontrer qu'il existe une boule ouverte S_p de centre p telle que $p \in S_p \subset S_1 \cap S_2$.

Exercice 6.8 (Exemple d'espace métrique).

1. Les fonctions suivantes sont-elles des distances sur $\mathbb{R}$?
   (a) $f(x,y) = |x^2 - y^2|$
   (b) $f(x,y) = |x^3 - y^3|$
   (c) $f(x,y) = |x - y|$
   (d) $f(x,y) = e^{\frac{1}{|x-y|}}$

   La fonction $f(x,y) = \frac{1}{x} - \frac{1}{y}$ est-elle une distance sur $\mathbb{R}^* = \mathbb{R} - \{0\}$?
2. Démontrer que la "distance discrète" est effectivement une distance et que la topologie associée est discrète.
3. Soit $E = \mathcal{C}([0,1],\mathbb{R})$ ensemble des applications continues $f : [0,1] \to \mathbb{R}$. Prouver que :
   (a) $d(f,g) = \int_0^1 |f(x) - g(x)|dx$ est une distance sur E.

(b) $d(f,g) = \sup\limits_{x\in[0,1]} |f(x) - g(x)|$ est une distance sur E.

Exercice 6.9 (Boules).

1. Soient (E_1, d_1) et (E_2, d_2) deux espaces métriques et D_1, D_2, D_3 définies commes suit : $\mathrm{D}_1(x,y) = max\{d_i(x_i,y_i)\}_{1\leq i\leq 2}$, $\mathrm{D}_2(x,y) = \sum\limits_{i=1}^{2} d_i(x_i,y_i)$ avec $x = (x_i)_{1\leq i\leq 2}$ et $y = (y_i)_{1\leq i\leq 2}$, $\mathrm{D}_3(x,y) = \sqrt{\sum\limits_{i=1}^{2} d_i^2(x_i,y_i)}$.
   (a) Montrer que les applications D_1, D_2, D_3 sont des distances sur $\mathrm{E}_1 \times \mathrm{E}_2$.
   (b) La topologie associée à D_1 est la topologie produit des topologies associées à E_1 et E_2.
   (c) En choisissant
   $\mathrm{E}_1 = \mathrm{E}_2 = \mathbb{R}$ et $d_1(x,y) = d_2(x,y) = |x-y|$, dessiner la boule $\mathrm{B}'((0,0),1)$ selon les trois distances D_1, D_2, D_3. Quelles sont les distances induites par ces trois distances sur les sous-espaces $\mathbb{R} \times \{0\}$?
2. Décrire dans un espace discret toutes les boules ouvertes, fermées et les sphères.
3. Soit (E, d) un espace métrique. Montrer que :
   (a) si $e(x,y) = min\{1, d(x,y)\}$ alors (E, e) est un espace métrique.
   (b) si $f(x,y) = \frac{d(x,y)}{1+d(x,y}$ alors (E, f) est un espace métrique.
   (c) les deux distances e et f sont bornées.
4. Soit $\overline{\mathbb{R}} = \mathbb{R} \cup \{-\infty\} \cup \{+\infty\}$ et soit $f : \overline{\mathbb{R}} \to [-1,1]$ avec $f(x) = \frac{x}{1+|x|}$ si $x \in \mathbb{R}$, $f(-\infty) = -1$, $f(+\infty) = 1$. Montrer que $d(x,y) = |f(x) - f(y)|$ est une distance sur $\overline{\mathbb{R}}$, et calculer pour cette distance $\mathrm{B}(0,1)$ et $\mathrm{B}(0,\frac{1}{2})$.

Exercice 6.10.

Soit X un espace métrique. Montrer que la famille dénombrable de boules ouvertes $\mathcal{S} = \{\mathrm{S}(p,1), \mathrm{S}(p,\frac{1}{2}), \mathrm{S}(p,\frac{1}{3}), ...\}$ de centre $p \in \mathrm{X}$, est une base locale en p.

Exercice 6.11.

Soient A et B deux parties disjointes fermées d'un espace métrique X. Montrer qu'il existe deux ouverts disjoints G et H tel que $A \subset G$ et $B \subset H$.

Exercice 6.12 (Quelques propriétés des espaces métriques).

Soit (E, d) un espace métrique.

1. Si $B(x, r)$ est une boule de E, prouver : $\forall y \in B(x, r)$, $\exists r' > 0$: $B(y, r') \subseteq B(x, r)$. Montrer sur un exemple que cette propriété est fausse pour une boule fermée.
2. Pour $x \in E$, montrer que si $r_1 \leq r_2$ on a $B(x, r_1) \subseteq B(x, r_2)$. En déduire que deux boules de même centre sont toujours comparables pour l'inclusion.
3. Montrer que si $x \in B(x_1, r_1) \cap B(x_2, r_2)$ il existe $r > 0$ tel que $B(x, r) \subseteq B(x_1, r_1) \cap B(x_2, r_2)$.
4. En déduire que $(B(x, r))_{x \in E,\ r > 0}$ est une base d'ouverts sur E (topologie associée).
5. Pour tout $x \in E$, montrer que $(B(x, \frac{1}{n}))_{n \geq 1}$ est un système fondamental de voisinages de x.
6. Donner un système fondamental de voisinages de $\frac{1}{2}$ dans $\mathbb{R}$, et d'un élément quelconque dans un espace discret.
7. (a) Montrer que toute boule fermée est un ensemble fermé.
   (b) Montrer qu'un espace métrique est séparé et régulier.
8. Soit (A, d_A) un sous-espace métrique de (E, d). Démontrer que la topologie associée à d_A est la topologie induite sur A par la topologie de E associée à d.
9. Soit A une partie de E. Démontrer que $x \in \overline{A}$ si et seulement si : il existe une suite de points de A convergente dans E vers x.

Exercice 6.13 (Boules, diamètres, distances de deux ensembles).

Soit (E, d) un espace métrique.

1. (a) Montrer que $B'(x, r)$ est un ensemble fermé et que $S(x, r)$ est un ensemble fermé.

(b) En déduire que $\overline{\mathrm{B}(x,r)} \subseteq \mathrm{B}'(x,r)$

(c) Montrer que dans un espace discret l'inclusion ci-dessus peut être stricte.

(d) Montrer que toute boule est bornée.

2. Soit A une partie non vide de E. Montrer que :

   (a) si $x \in \mathrm{A} : d(x, \mathrm{A}) = 0$,

   (b) si $d(x, \mathrm{A}) = 0$ alors $x \in \overline{\mathrm{A}}$,

   (c) en déduire une caractérisation de $\overline{\mathrm{A}}$.

3. Soit A une partie non vide de E. Montrer que :

   (a) $d(\overline{\mathrm{A}}) = d(\mathrm{A})$,

   (b) si A est finie alors A est bornée et fermée,

   (c) dans un espace grossier on peut trouver une partie finie non bornée,

   (d) dans $\mathbb{R}$, on peut trouver une partie bornée, fermée et infinie.

Exercice 6.14.

Soient d et e deux distances sur un ensemble X telles que, pour toute boule ouverte pour d, S_d de centre $p \in \mathrm{X}$, il existe une boule ouverte pour e, S_e de centre p telle que $\mathrm{S}_e \subset \mathrm{S}_d$, et que pour toute boule pour e, S_e^* de centre $p \in \mathrm{X}$, il existe une boule ouverte pour d, S_d^* de centre p telle que $\mathrm{S}_d^* \subset \mathrm{S}_e^*$. Montrer que d et e sont équivalentes, c'est-à-dire qu'elles induisent la même topologie sur X.

Exercice 6.15 (Isometries, distances équivalentes).

1. Soit (E, d) un espace métrique.

   (a) Montrer que si d' est topologiquement équivalente à d alors $\mathrm{I_E} : (\mathrm{E}, d) \to (\mathrm{E}, d')$ est un homéomorphisme et réciproquement : si $\mathrm{I_E}$ est un homéomorphisme d' est topologiquement équivalente à d,

   (b) si (E, d) est discret soit d' definie par $d'(x,x) = 0$, $d'(x,y) = 2$ si $x \neq y$. Montrer que d et d' sont topologiquement équivalentes,

   (c) prouver que si (E', d') est isométrique à (E, d), il lui est homéomorphe,

   (d) montrer à l'aide de (b) que la réciproque est fausse.

2. Pour un espace métrique (E, d) montrer que :
   $e(x, y) = min\{1, d(x, y)\}$ et $f(x, y) = \frac{d(x,y)}{1+d(x,y)}$ sont topologiquement équivalentes à d.

3. Montrer que sur $\mathbb{R}^2$ les trois distances fondamentales D_1, D_2, D_3 définies à l'exercice 9 sont toplogiquement équivalentes.

4. Soit $\mathrm{E} = \mathcal{C}([0, 1], \mathbb{R})$ et les distances sur E (voir exercice 8) :
   $d(f, g) = \int_0^1 |f(x) - g(x)|dx$, $e(f, g) = \sup_{x \in [0,1]} |f(x) - g(x)|$.

   (a) soit $f : [0, 1] \to \mathbb{R}$ définie par $f(x) = 2$. Dessier $\mathrm{B}_e(f, 1)$ (boule pour la distance e),

   (b) soit $r > 0$. On définit g par $\begin{cases} g(x) = -\frac{4x}{r} + 4 \text{ si } 0 \leq x \leq \frac{1}{2}r \\ g(x) = 2 \text{ si } \frac{1}{2}r \leq x \leq 1 \end{cases}$
   Montrer que $g \in \mathrm{B}_d(f, r)$ mais que $g \notin \mathrm{B}_e(f, 1)$,

   (c) en déduire que d et e ne sont pas topologiquement équivalentes.

Exercice 6.16 (Convergence, continuité).

1. (a) Montrer directement que dans un espace métrique une suite convergente a une limite unique.

   (b) Montrer que $(x_n)_{n \geq 0}$ converge vers x équivaut à $(d(x_n, x))_{n \geq 0}$ converge vers 0.

   (c) Montrer que si $(x_n)_{n \geq 0}$ converge vers x et $(y_n)_{n \geq 0}$ converge vers y, la suite $(d(x_n, y_n))_{n \geq 0}$ converge vers $d(x, y)$.

2. Soit $f : (\mathrm{E}, d) \to (\mathrm{E}', d')$. On dit que f est lipschitzienne de rapport $k > 0$ si $d'(f(x), f(y)) \leq kd(x, y) \quad \forall x, y \in \mathrm{E}$. Montrer que si f est lipschitzienne, f est uniformément continue.

3. Si (E, d) est un espace métrique, montrer que, $d : \mathrm{E} \times \mathrm{E} \to \mathbb{R}$ est uniformément continue. Retrouver le resultat 1. (c).

4. Soit A une partie non vide d'un espace métrique (E, d). Montrer que $f : \mathrm{E} \to \mathbb{R}$ définie par $f(x) = d(x, \mathrm{A})$ est uniformément continue.

5. Montrer que :
   (a) tout application uniformément continue est continue,
   (b) $f : \mathbb{R} \to \mathbb{R}$ avec $f(x) = x^2$ est continue mais non uniformément continue,
   (c) si (E, d) est compact et $f : (\mathrm{E}, d) \to (\mathrm{E}', d')$ continue, f est uniformément continue et borné (théorème de Heine).

Exercice 6.17.

Soit $(a_1, a_2, ...)$ une suite de Cauchy dans X et soit $(a_{i_1}, a_{i_2}, ...)$ une sous-suite de (a_n). Montrer que $\lim\limits_{n\to\infty} d(a_n, a_{i_n}) = 0$.

Exercice 6.18.

Soit $(b_1, b_2, ...)$ une suite de Cauchy dans un espace métrique X et soit $(a_1, a_2, ...)$ une suite de X telle que $d(a_n, b_n) < \frac{1}{n}$ pour tout $n \in \mathbb{N}$.

1. Montrer que $< a_n >$ est également une suite de Cauchy de X.
2. Montrer que $< a_n >$ converge par exemple vers $p \in \mathrm{X}$ si et seulemnt si $< b_n >$ converge vers p.

Exercice 6.19.

Démontrer que les propositions suivantes sont équivalentes :

(i) X est un espace métrique complet.

(ii) Toute suite emboîtée de fermés non vides dont le diamètre tend vers zéro a une intersection non vide.

Exercice 6.20 (Suites de Cauchy, Exemples d'espaces complets).

Soit (E, d) un espace métrique.

1. (a) Soit $(x_n)_{n\geq 0}$ une suite de points de E. Montrer que (x_n) est une suite de Cauchy si et seulement si $\lim\limits_{n\to+\infty} d(\mathrm{A}_n) = 0$ avec $\mathrm{A}_n = \{x_n, x_{n+1}, ...\}$.
   (b) Soit $(x_n)_{\geq 0}$ une suite de Cauchy et $(x_{i_n})_{n\geq 0}$ une suite extraite. Montrer que $\lim d(x_n, x_{i_n}) = 0$ et que si (x_{i_n}) converge il en est de même de (x_n).

2. (a) Montrer que dans $]0,1] \subseteq \mathbb{R}$ si $x_n = \frac{1}{n}$ la suite $(x_n)_{n\geq 1}$ est de Cauchy non convergente.
   (b) Décrire les suites de Cauchy dans un espace discret E et montrer que E est complet.
   (c) On munit $E = \mathbb{Z}$ de la distance induite par celle de $\mathbb{R}$. Montrer que E est complet.
3. Soit $E = \mathcal{C}([0,1], \mathbb{R})$. Montrer que :
   (a) Pour la distance $d(f,g) = \sup\limits_{0\leq x\leq 1} |f(x) - g(x)|$. E est complet.
   (b) Pour la distance $d(f,g) = \int\limits_0^1 |f(x) - g(x)|$. E n'est pas complet : pour $n \geq 1$ soit $f_n(t) = \min\{n, \frac{1}{\sqrt{t}}\}$. Montrer que $d(f_n, f_{n+p}) \leq \frac{1}{n}$, en déduire que $(f_n)_{n\geq 1}$ est une suite de Cauchy. Si elle convergeait on aurait $\forall t \in]0,t]$ $f(t) = \frac{1}{\sqrt{t}}$. Montrer que ceci est absurde.
4. Montrer que si (E, d) est complet, il l'est aussi pour la distance $e(x,y) = \min(1, d(x,y))$.

Exercice 6.21 (Espaces métriques complets).

1. Montrer que pour un espace métrique (E, d) il y a équivalence entre :
   (a) E est complet,
   (b) pour toute suite décroissante $(F_n)_{n\geq 0}$ de fermés non vides (i.e. $F_{n+1} \subseteq F_n$) telle que $\lim d(F_n) = 0$ on a $\bigcap\limits_{n\geq 0} F_n \neq \Phi$.
2. (a) Si (E, d) est complet et (F, d') isométrique à (E, d), montrer que F est complet,
   (b) ce résultat est faux si l'on remplace isométre par homéomorphisme. On le montrera en choisissant $E = \mathbb{R}$ et $F =]0,1[$.
3. (a) Si E est complet, montrer qu'un sous-espace de E est complet si et seulement si il est fermé,
   (b) $((E, d_i)_{1\leq i\leq n}$ sont complets) équivaut à ($\prod\limits_{i=1}^{n} E_i$ est complet) où $\prod\limits_{i=1}^{n} E_i$ est muni de la distance D_1,

(c) soient d et e deux distances sur E telles que $d(x, y) \leq ke(x, y)$ et $e(x, y) \leq ld(x, y)$ avec $k, l > 0$ (distances métriquement équivalentes). Montrer que (E, d) complet équivaut à (E, e) complet,

(d) montrer que sur $\prod_{i=1}^{n} \mathrm{E}_i$ les distances D_1, D_2, D_3 définies à l'exercice 9 sont équivalentes,

(e) compléter le résultat 3.(b). et montrer que $\mathbb{R}$ et $\mathbb{C}$ sont complets pour D_1, D_2, D_3.

Exercice 6.22 (Complétions).

Montrer que $< a_n > \sim < b_n >$ si et seulement si elles sont toutes les deux des sous-suites d'une suite de Cauchy $< c_n >$. où $< a_n > \sim < b_n >$ équivaut à $\lim_{n \to \infty} d(a_n, b_n) = 0$

Exercice 6.23 (Le théorème du point fixe).

1. Soit (E, d) un espace métrique complet et $f : \mathrm{E} \to \mathrm{E}$ une application contractante i.e. $\exists k < 1$, $d(f(x), f(y)) \geq k.d(x, y)$ (ceci revient à dire que f est lipschitzienne de rapport $k < 1$. Soit x_0 un point de E.

   (a) on pose :
   $x_1 = f(x_0)$, $x_2 = f(x_1)$, ..., $x_n = f(x_{n-1}) = f^n(x_0)$. Montrer que $d(x_{n+1}, x_n) \leq k^n d(x_1, x_0)$,

   (b) en déduire que $(x_n)_{n \geq 0}$ est une suite de Cauchy,

   (c) si a est la limite de $(x_n)_{n \geq 0}$, montrer que a est un point fixe de f : $f(a) = a$,

   (d) démontrer que a est l'unique point fixe de f, et $a = \lim_{n \to +\infty} f^n(x)$ pour tout $x \in \mathrm{E}$.

2. Soit $\mathrm{E} = [\frac{2}{3}, +\infty[$ sous-espace métrique de $\mathbb{R}$, et $f : \mathrm{E} \to \mathbb{R}$ avec $f(x) = \frac{2x+6}{3x+2}$

   (a) Montrer que E est complet et que $f(\mathrm{E}) \subseteq \mathrm{E}$.

   (b) Montrer que f est contractante.

   (c) Calculer l'unique point fixe a de f.

(d) En prenant $x_0 = \frac{2}{3}$ caculer x_1, x_2, x_3, x_4 et évaluer l'approximation de a obtenue.

(e) Si l'on prolonge f à $f' : \mathbb{R} - -\frac{2}{3} \to \mathbb{R}$ par $f'(x) = \frac{2x+6}{3x+2}$, f' n'est pas contractante mais a deux points fixes.

3. Soit $\mathrm{E} = \mathbb{N}^* = \{1, 2, 3, ...\}$ on pose $d(n, n) = 0$ et $d(m, n) = 10 + \frac{1}{m} + \frac{1}{n}$ si $m \neq n$. Montrer que :

(a) d est une distance sur E,

(b) (E, d) est complet,

(c) soit $f : \mathrm{E} \to \mathrm{E}$ avec $f(n) = n + 1$. Montrer que

$$d(f(m), f(n)) < d(m, n) \text{ si } m \neq n$$

mais que f n'est pas contractante.

Exercice 6.24 (Complétion métrique).

1. Soit (E, d) un espace métrique, et soit $\mathcal{E}$ l'ensemble des suites de Cauchy de E.

(a) Montrer que dans $\mathcal{E}$ la relation R entre deux suites de Cauchy (x_n) et (y_n) définie par $\lim d(x_n, y_n) = 0$ est une relation d'équivalence. On notera $\overline{(x_n)}$ la classe de (x_n) modulo R et $\widehat{\mathrm{E}} = \mathcal{E}/\mathrm{R}$.

(b) Pour $\overline{(x_n)}$ et $\overline{(y_n)}$ éléments de $\widehat{\mathrm{E}}$ montrer que le nombre $\lim d(x_n, y_n)$ est, s'il existe indépendant des représentants (x_n) de $\overline{(x_n)}$ et (y_n) de $\overline{(y_n)}$. Montrer que ce nombre existe toujours et que l'application $\delta : \widehat{\mathrm{E}} \times \widehat{\mathrm{E}} \to \mathbb{R}$ définie par $\delta(\overline{(x_n)}, \overline{(y_n)}) = \lim d(x_n, y_n)$ est une distance sur $\widehat{\mathrm{E}}$.

(c) Pour tout $x \in \mathrm{E}$ on pose $f(x) = \overline{(x_n)}$ où $\forall \in \mathbb{N}\ x_n = x$. Montrer que l'on définit ainsi une isométrie f de (E, d) sur $(f(\mathrm{E}), \delta)$. Démontrer que $\overline{f(\mathrm{E})} = \widehat{\mathrm{E}}$.

2. Soit (E, d) un espace métrique, $(\widehat{\mathrm{E}}, \delta)$ la complétion métrique de E construite ci-dessus et f l'isométrie. Soit (F, d') une autre completion métrique de E avec $g : \mathrm{E} \to \mathrm{F}$ isométrie de E sur $g(\mathrm{E})$ où $\overline{g(\mathrm{E})} = \mathrm{F}$. Construire une application $h : \mathrm{F} \to \widehat{\mathrm{E}}$ qui soit une isométrie de F sur $\widehat{\mathrm{E}}$. En déduire que toute complétion métrique de $\mathbb{Q}$ est isométrique à $\mathbb{R}$.

3. Montrer que tout espace métrique compact est complet (utiliser le théorème de Weierstrass et ce qui précède).

Exercice 6.25 (Espaces séparés :définitions équivalentes).

1. Soit $(\mathrm{E}, \mathcal{O})$ un espace topologique. On considère les assertions suivantes :
   (a) E est séparé.
   (b) Tout filtre convergent a une seule limite.
   (c) Toute suite convergente a une seule limite.
   (d) Pour tout $x \in \mathrm{E}$ l'intersection des voisinages fermés de x est réduite à $\{x\}$.
   (e) La diagonale Δ_{E} de $\mathrm{E} \times \mathrm{E}$ est fermée.
   Démontrer que (a), (b), (d), (e) sont équivalentes, et que (b) implique (c).
2. Soit $(\mathrm{E}, \mathcal{O})$ un espace topologique. Montrer que l'implication : (A sous-espace séparé $\Rightarrow \overline{\mathrm{A}}$ sous-espace séparé) est fausse, avec l'exemple suivant : $\mathrm{E} = \{0, 1, 2\}$ et $\mathcal{O} = \{\Phi, \{0\}, \mathrm{E}\}$.
3. L'image continue d'un espace séparé n'est pas nécessairement séparée, soit τ_0 la topologie usuelle sur $\mathbb{R}$, τ' la topologie grossière sur $\mathbb{R}$; montrer que $1_{\mathbb{R}} : (\mathbb{R}, \tau_0) \longrightarrow (\mathbb{R}, \tau')$fournit le contre exemple cherché.
   Montrer que cependant, $f : (\mathbb{R}, \tau_0) \longrightarrow (\mathbb{R}, \tau')$ définie par $f(x) = 0$ vérifie cette propriété.

Exercice 6.26 (Exemples d'espaces compacts).

1. Soit $(\mathrm{E}, \mathcal{O})$ un espace topologique tel que $\mathcal{O}$ soit fini. Montrer que E est compact. En déduire que tout espace topologique fini (i.e. $card(\mathrm{E})$ fini) est compact.
2. (a) Soit $\mathbb{N}$ muni de la topologie discrète. Montrer que $\mathbb{N}$ n'est pas compact.
   (b) Montrer qu'un espace discret est compact si et seulement si il est fini.

3. Soit $\mathbb{R}$ muni de la topologie usuelle. En posant $U_n =]n-1, n+1[$ pour $n \in \mathbb{Z}$, démontrer que $\mathbb{R}$ n'est pas compact. En déduire que les espaces $\mathbb{Q}$ et $\mathbb{Z}$ munis de la topologie induite ne sont pas compacts ; cependant le sous-espace $[0, 1]$ de $\mathbb{R}$ est compact.
4. Démontrer le théorème de Weierstrass : si $f : E \to F$est continue, avec E compact et F séparé, alors $f(E)$ est un espace compact.

Exercice 6.27 (Espaces compacts : définitions équivalentes).

Soit $(E, \mathcal{O})$ un espace topologique séparé.

1. Soit $\mathcal{U}$ un ultrafiltre sur E, $A, B \subseteq E$ tels que $A \cup B \in \mathcal{U}$. Montrer que si $A \notin \mathcal{U}$, $\mathcal{A} = \{M, A \cup M \in \mathcal{U}\}$ est un filtre plus fin que $\mathcal{U}$ et en déduire que $B \in \mathcal{U}$. En déduire que : $\bigcup_1^n A_i \in \mathcal{U} \Rightarrow \exists i : A_i \in \mathcal{U}$.
2. On suppose E compact et soit $\mathcal{U}$ un ultrafitre sur E : si $\mathcal{U}$ n'était pas convergent (i.e. $\mathcal{V}(x) \nsubseteq \mathcal{U}$ pour tout x) en déduire un recouvrement ouvert de E d'où une contradiction (utiiser 1).
3. Supposons que dans E tout utrafitre soit convergent et soit $(F_i)_{i \in I}$ une famile de fermés de E telle que $\bigcap_{i \in I} F_i = \Phi$: supposons qu'aucune intersection finie de F_i ne soit vide et soit $\mathcal{A}$ l'ensemble de ces intersections finies. Montrer que $\mathcal{A}$ est une base de filtre, en déduire l'existence d'un ultrafitre $\mathcal{U}$ tel que $\mathcal{A} \subseteq \mathcal{U}$ puis d'un point x tel que $x \in \overline{U}$, pour tout t_0, $u \in \mathcal{U}$, et enfin $x \in \bigcap_I F_i$.
4. On suppose que, dans E, de toute famille $(F_i)_{i \in I}$ de fermés telle que $\bigcap_I F_i = \Phi$ on peut extraire une sous-famille finie dont l'intersection est vide. Montrer que E est compact. Conclusions ?

Exercice 6.28 (Quelques propriétés des espaces compacts).

1. Soit $E = [0, 1[\subseteq \mathbb{R}$ muni de la topologie usuelle induite. On définit $f : E \to \mathbb{R}^2$ par $f(t) = (\cos 2\pi t, \sin 2\pi t)$.
   Soit $F = \{(x, y)/x^2 + y^2 = 1\} \subseteq \mathbb{R}^2$ muni de la topologie induite.
   (a) Montrer que f réalise une bijection continue de E sur F.
   (b) Calculer $f\left([0, \frac{1}{2}[\right)$ et en déduire que f n'est pas un homéomorphisme.

2. Montrer à partir du théorème de Weierstrass que si $f : \mathrm{E} \to \mathrm{F}$ est bijective et continue avec E compact, alors f est un homéomorphisme. Pourquoi l'application f de 1. ne peut-elle être un homéomorphisme ?
3. Démontrer le réciproque du théorème de Tychonoff : si $(\mathrm{E}_i)_{i\in \mathrm{I}}$ est une famille d'espace topologiques non vide et si $\prod\limits_{i\in\mathrm{I}} \mathrm{E}_i$est un espace compact alors $\forall i \in \mathrm{I}$, E_i est compact.
4. On dit qu'un espace topologique E (non nécessairemet séparé) est *quasi-compact* si de tout recouvrement ouvert de E on peut extraire un recouvrement fini. Démontrer la généralisation suivante du théorème de Weierstrass : si $f : \mathrm{E} \to \mathrm{F}$ est continue et E *quasi-compact*, alors $f(\mathrm{E})$ est *quasi-compact.*

Exercice 6.29 (Ensembles compacts).

1. Un sous-espace d'un espace compact ne l'est pas nécessairement : $\mathrm{E} = [0, 1] \subseteq \mathbb{R}$ est compact ; montrer que le sous-espace $]0, 1[$ n'est pas compact en utilisant $\mathrm{U}_n =]\frac{1}{n+2}, \frac{1}{n}[, n > 0$.
2. Montrer que si E est compact et F un sous-ensemble fermé de E, F est compact.
3. (a) Soit $(\mathrm{E}, \mathcal{O})$ un espace topologique séparé, K un sous-espace compact de E. Montrer que
   $\forall x : [x \notin \mathrm{K} \Rightarrow \exists \mathrm{V} \in \mathcal{V}(x), \exists \mathrm{U} \in \mathcal{V}(\mathrm{K}) : \mathrm{U} \bigcap \mathrm{V} = \Phi]$.
   (b) En déduire que si E est compact et F un sous-ensemble de E il y a équivalence entre : F fermé dans E et F compact.
   (c) Montrer que dans un espace séparé E, si A et B sont deux sous-ensembles compacts alors $\mathrm{A} \bigcup \mathrm{B}$ et $\mathrm{A} \bigcap \mathrm{B}$ le sont.
4. Montrer que tout espace compact est régulier, c'est-à-dire que tout point possède un système fondamental de voisinages fermés. En déduire que tout espace compact est localement compact.

Exercice 6.30 (Espaces localement compacts).

1. Démontrer que tout espace compact est localement compact.
2. Montrer que $\mathbb{R}$ est localement compact, mais non compact, de même que $\mathbb{R}^2$

3. Montrer que tout espace localement compact vérifie la propriété : tout point possède un système fondamental de voisinages compacts et est *a fortiori* régulier (i.e. tout point possède un système fondamental de voisinages fermés).
4. (a) Démontrer que dans un espace séparé tout sous-ensemble compact est fermé.
   (b) Soit $(\mathrm{E}, \mathcal{O})$ un espace localement compact, $\omega \notin \mathrm{E}$, $\mathrm{E}' = \mathrm{E} \bigcup \{\omega\}$. On définit $\mathcal{O}' = \mathcal{O} \bigcup \{\mathrm{C_E K},\ \ \mathrm{K}\ \text{ compact de }\ \mathrm{E}\}$. Montrer que $(\mathrm{E}', \mathcal{O}')$ est un espace topologique dont $(\mathrm{E}, \mathcal{O})$ est un sous-espace.
   (c) Montrer que E' est séparé.
   (d) Soit $(\mathrm{U}_i)_{i \in \mathrm{I}}$ un recouvrement ouvert de E', montrer qu'il existe un indice i_0 tel que $\mathrm{U}_{i_0} = (\mathrm{E} - \mathrm{K}) \bigcup \{\omega\}$, où K est un compact de E et en déduire que E' est compact.
   (e) Montrer que si E n'est pas compact on a $\overline{\mathrm{E}} = \mathrm{E}'$ et en concure que (*théorème d'Alexandroff*) : tout espace localement compact E est immersible dans un espace compact E', avec $\overline{\mathrm{E}} = \mathrm{E}'$
5. E étant un espace localement compact, un espace compact F est appelé *compactifié* de E s'il existe une bijection continue $f : \mathrm{E} \to \mathrm{F}$ telle que f soit un homéomorphisme de E sur $f(\mathrm{E})$ et que $f(\mathrm{E})$ soit dense dans F ; On dit que f réalise une *compactification* de E. Lorsque, de plus $\mathrm{C_F} f(\mathrm{E})$ est réduit à un point, on dit que F est un *compactifié d'Alexandroff* de E et que f réalise une *compactification d'Alexandroff* de E.
   Soit E un espace localement compact :

   (a) si $f : \mathrm{E} \to \mathrm{F}$ est injective continue, avec $f(\mathrm{E})$ dense dans F compact, et $\mathrm{C_F} f(\mathrm{E})$ fermé, montrer que f est une compactification de E si et seulemnt si f est ouverte,
   (b) Soit $\mathrm{E}' = \mathrm{E} \bigcup \{\omega\}$ l'espace compact de la question 4., et soit $f : \mathrm{E} \to \mathrm{E}'$ l'application canonique. Démontrer que E' est un *compactifié d'Alexandroff* de E,
   (c) Soit $g : \mathrm{E} \to \mathrm{G}$ une seconde compactification d'Alexandroff de E, avec $\{\omega'\} = \mathrm{C_G} g(\mathrm{E})$. Construire une

bijection continue $\varphi : E' \to G$ et en déduire que φ est un homéomorphisme,

(d) en déduire que deux compactifiés d'Alexandroff de E sont homéomorphes.

Exercice 6.31 (Espaces connexe).

1. Soit $E = \{a, b, c, d, e\}$, et $\mathcal{O} = \{\Phi, \{a\}, \{c, d\}, \{a, c, d\}, \{b, c, d, e\}, E\}$. E est-il connexe ? Les sous-espaces $\{a, e\}$ et $\{b, c, d\}$ sont-ils connexes ?
2. Démontrer qu'un espace discret est connexe si et seulemnt si il est réduit à un point, et que tout espace grossier est connexe.
3. Soit E un ensemble totalement ordonné muni de la topologie τ_0 engendrée par $A_0 = \{(\leftarrow, x[\}_{x \in X} \bigcup \{]x, \to)\}_{x \in X}$. On suppose E connexe. Démontrer que :
   (a) $x < y \Rightarrow]x, y[\neq \Phi$,
   (b) toute partie non vide majorée A admet une borne supérieure (montrer que sinon l'ensemble des majorants de A est une partie ouverte et fermée).
4. Pour un ensemble totalement ordonné X ayant au moins deux éléments, montrer que :
   la topologie τ_+ engendré par $A_+ = \{[x, y[\}\ x, y \in X$ n'est pas connexe,
   la topologie τ_d engendrée par
   $A_d = \{y, y \in X, x \leq y\}_{x \in X} = \{[x, \to)\}_{x \in X}$ est connexe.
5. Montrer l'équivalence des propriétés suivantes :
   (a) E est connexe,
   (b) il n'existe pas de partition fermée,
   (c) E et Φ sont les seuls ensembles à la fois ouverts et fermés de E,
   (d) pour toute partie $A \neq \Phi$ et $A \neq E$ on a $Fr(A) \neq \Phi$,
   (e) toute application continue f de E dans l'espace discret $\{0, 1\}$ est constante.

Exercice 6.32 (Ensembles connexes).

1. Soit $(\mathrm{E}, \mathcal{O})$ avec $\mathrm{E} = \{a, b, c, d\}$, et $\mathcal{O} = \{\Phi, \{a\}, \{b, c\}, \{a, b, c\}, \mathrm{E}\}$. Montrer que E est connexe et trouver un sous-ensemble non connexe de E.
2. Soit $(\mathrm{E}, \mathcal{O})$ un espace topologique.
   (a) Soient A une partie connexe, et B une partie de E : montrer que si A coupe B et C_B, alors A coupe $\mathrm{F}r(\mathrm{B})$ [propriété connue sous le nom de *théorème des douanes*].
   (b) Si A est une partie connexe, montrer que $\mathrm{A} \subseteq \mathrm{B} \subseteq \overline{\mathrm{A}}$ implique E est connexe. En déduire que $\overline{\mathrm{A}}$ est connexe.
   (c) Si A et B sont connexes et $\mathrm{A} \bigcap \mathrm{B} \neq \Phi$ alors $\mathrm{A} \bigcup \mathrm{B}$ est connexe. En déduire que $(\mathrm{A}_i)_{1 \leq i \leq n}$ A_i connexes et aussi que
   $\mathrm{A}_i \bigcap \mathrm{A}_{i+1} \neq \Phi$, $i = 1, 2, ..., n-1$ implique $\bigcup\limits_1^n \mathrm{A}_i$ connexe, et en particulier $\bigcap\limits_1^n \mathrm{A}_i \neq \Phi$ implique $\bigcup\limits_1^n \mathrm{A}_i$ connexe.
3. *Théorème des valeurs intermédiaires :* soit $f : \mathrm{E} \to \mathbb{R}$ continue, avec E connexe. Montrer que si $f(x) = a < b = f(y)$ alors f prend toutes les valeurs entre a et b.
4. Soit $\mathrm{I} = [0, 1] \subseteq \mathbb{R}$: I est donc connexe ; et soit $f : \mathrm{I} \to \mathrm{I}$ une application continue.
   (a) Montrer que $f : \mathrm{I} \to \mathrm{I} \times \mathrm{I}$ définie par $f(x) = (x, f(x))$ est continue.
   (b) En déduire que F(I) est connexe dans $\mathrm{I} \times \mathrm{I}$.
   (c) Soit $\mathrm{G} = \{(x, y) \in \mathrm{I} \times \mathrm{I}, x \leq y\}$. Montrer que $\mathrm{G} \bigcap \mathrm{F(I)} \neq \Phi$. Si $\mathrm{C}_{\mathrm{G} \bigcap \mathrm{F(I)}} \neq \Phi$, en déduire de 2.$(a)$ qu'il existe $x \in \mathrm{I}$ tel que $f(x) = x$. Que se passe t-il si $\mathrm{C}_{\mathrm{G} \bigcap \mathrm{F(I)}} = \Phi$?

Exercice 6.33 (Composantes connexes).

1. Montrer que dans un espace topologique $(\mathrm{E}, \mathcal{O})$: $\forall x \in \mathrm{E}$, $\mathrm{C}(x)$ est fermé.
2. Montrer que E connexe $\Leftrightarrow \forall x \in \mathrm{E}, \mathrm{C}(x) = \mathrm{E}$
3. Parmi les espaces ci-dessous, lesquels sont totalement discontinus ?

   (a) $E = \{a, b, c, d\}$, $\mathcal{O} = \{\Phi, \{a\}, \{a, b\}, \{a, c\}, E\}$.
   (b) E espace discret.
   (c) E ensemble infini, $\mathcal{O} = \{C_A, A \text{ partie finie de } E\} \bigcup \{\Phi\}$.
4. Montrer que E est totalement discontinu si et seulement si tout fermé ayant plus d'un point est non connexe.
5. Montrer que la relation : $x\mathcal{R}y$ si $y \in C(x)$, est une équivalence et que $E/\mathcal{R}$ est totalement discontinu. Calculer $\mathcal{R}$ et $E/\mathcal{R}$ pour l'espace de 3.(a).
6. Montrer que tout espace totalement discontinu est accessible (indication : $x \in E : \{x\} = f(x)$ fermé)
7. Soit $(E, \mathcal{O})$ un espace topologique. Montrer que si E a un nombre fini de composantes connexes alors pour tout x : $C(x)$ est un of (i.e. un ouvert et fermé).
8. Soit $(E_i)_{i\in I}$ une famille d'espaces topologiques, $x = (x_i)_{i\in I} \in \prod_I E_i$. Montrer que $C(x) = \prod_{i\in I} C(x_i)$.

Exercice 6.34 (Espaces localement connexes).

1. Soient $E = \{a, b, c, d\}$ et $\mathcal{O} = \{\Phi, \{a\}, \{a, b\}, \{a, b, c\}, E\}$. Montrer que $(E, \mathcal{O})$ est connexe et localement connexe.
2. Montrer qu'un espace discret ayant plus d'un point est localement connexe et non connexe. Il existe également des espaces connexes non localement connexes.
3. Soit $E = \{a, b, c, d\}$ avec *card* E fini, $a \in E$ tel que E ne soit pas localement connexe en a.
   (a) Montrer qu'il existe un voisinage U de a non connexe et ne contenant aucun voisinage connexe de a. Soit $n = card$ U.
   (b) De la non connexité de U déduire l'existence d'un voisinage V de a tel que $V \subsetneqq U$ et *card* $V < n$. Montrer que V a la même propriété que U.
   (c) En conclure une contradiction.
   (d) Montrer que tout espace fini est localement connexe.
4. (a) Montrer que si E est localement connexe : $\forall x, x \in E$ $C(x)$ est un of (ouvert fermé).

(b) Tout sous-ensemble ouvert d'un espace localement connexe est localement connexe.

5. (a) Montrer que tout produit fini d'espaces localement connexes est localement connexe.

   (b) Soit $(\mathrm{E}_i)_{i \in \mathrm{I}}$ une famille non nécessairement finie d'espaces connexes et localement connexes. Montrer que $\prod_{\mathrm{I}} \mathrm{E}_i$ est localement connexe (et connexe).

   (c) $\forall n \in \mathbb{N}$, soit $\mathrm{E}_n = \{0, 1\}$ espace discret. Soit $x = (x_n)_{n \in \mathbb{N}}$ où $\forall n \quad x_n = 0$. De ex 32 déduire $\mathrm{C}(x) = \{x\}$ et montrer que $\{x\}$ n'est pas ouvert. Conclure alors de 4.(a) que $\prod_{\mathbb{N}} \mathrm{E}_n$ ne peut être localement connexe.

Exercice 6.35 (Espaces connexes par arcs).

1. Soit $(\mathrm{E}, \mathcal{O})$ un espace topologique, $\mathrm{I} = [0, 1]$.

   (a) Trouver un chemin ayant même extrémité qu'origine.

   (b) Soite $\gamma : \mathrm{I} \to \mathrm{E}$; $\gamma(0) = a$, $\gamma(1) = b$ un chemin. Construire un chemin γ' tel que $\gamma'(0) = b$, $\gamma'(1) = a$.

   (c) Si $\gamma, \delta : \mathrm{I} \to \mathrm{E}$ sont des chemins, $\gamma(0) = a$, $\gamma(1) = \delta(0) = b$, $\delta(1) = c$. On définie $\varepsilon : \mathrm{I} \to \mathrm{E}$ par
   $\varepsilon(x) = \gamma(2x)$ si $0 \leq x \leq \frac{1}{2}$
   $\varepsilon(x) = \delta(2x - 1)$ si $\frac{1}{2} \leq x \leq 1$.
   Démontrer que ε est un chemin de a à c.

   (d) Déduire de ces propriétés que la relation : $a\mathcal{R}b$ si il existe un chemin de a vers b est une relation d'équivalence.

2. Montrer que tout espace connexe par arcs est connexe.

3. Soit $\mathrm{A} = \{(x, \sin \frac{\pi}{2x}), o < x \leq 1\} \subseteq \mathbb{R}^2$.

   (a) montrer que a est connexe. Calculer $\overline{\mathrm{A}}$.

   (b) Montrer que $\overline{\mathrm{A}}$ n'est pas localement connexe.

   (c) Montrer que $\overline{\mathrm{A}}$ n'est pas connexe par arcs.

4. Si $\mathrm{E} = \{a, b, c\}$ et $\mathcal{O} = \{\Phi, \{a\}, \{a, b\}, \mathrm{E}\}$: E est connexe, localement connexe et connexe par arcs.

Exercice 6.36 (Exemples d'espaces topologiques).

1. Est-ce que $(\mathbb{Z}, \mathcal{O})$ où $\mathcal{O} = \{\Phi, \{1,2\}, \{1,2,3\}, \{2,3,-4\}, \{1,2,3,-4\}, \mathbb{Z}\}$ est un espace topologique.
2. $\mathcal{O} = \{\Phi\} \bigcup \{n\mathbb{Z}\}_{n\in\mathbb{N}}$ est-elle une famille d'ouverts sur $\mathbb{Z}$?
3. (a) Soit $\mathcal{O}$ l'ensemble des parties de $\mathbb{Q}$ qui sont réunions quelconques d'intervalles ouverts, bornés ou non de $\mathbb{Q}$. Montrer que $(\mathbb{Q}, \mathcal{O})$ est un espace topologique.
   (b) Pour cette topologie, $\{\}$ est fermé.
   (c) Pour tout $n \geq 1$ soit $A_n =]1 - \frac{1}{n}, 1 + \frac{1}{n}[$. La famille $(A_n)_{n\geq 1}$ vérifie :
   - les A_n sont ouvert
   - toute intersection finie de A_n est ouvert
   - l'intersection de tous les A_n n'est pas ouvert.
4. Soit, sur $\mathbb{R}$, l'ensemble $\mathcal{O} = \{\Phi, \mathbb{R}\} \bigcup \{B_q\}_{q\in\mathbb{Q}}$ où $B_q =]q, +\infty[\bigcap \mathbb{Q}$. Montrer que $(\mathbb{R}, \mathcal{O})$ n'est pas un epace topologique.

Exercice 6.37 (Définition d'une topologie par les voisinages).

1. Soit $(X, \mathcal{O})$ un epace topologique. Montrer qu'en posant $\varphi(x) = \mathcal{V}(x)$, on définit une application $\varphi : X \to \mathcal{P}(\mathcal{P}(X))$ vérifiant $\varphi(x) \neq \Phi$ pour tout $x \in X$, et les axiomes : (V_1) $A \in \varphi(x)$ et $A \subseteq B \Rightarrow B \in \varphi(x)$.
   (V_2) $A, B \in \varphi(x) \Rightarrow A \bigcap B \in \varphi(x)$.
   (V_3) $A \in \varphi(x) \Rightarrow x \in A$.
   (V_4) $A \in \varphi(x) \Rightarrow \exists B \in \varphi(x)$ tel que $\forall y \in B : A \in \varphi(y)$.
2. Soit (X, φ) un couple où X est un ensemble et $\varphi : X \to \mathcal{P}(\mathcal{P}(X))$ une application vérifiant (V_1) à (V_4). On définie : $\mathcal{O} = \{A \in \mathcal{P}(X) :$
   $\forall x \in A, A \in \varphi(x)\}$. Démontrer que $(X, \mathcal{O})$ un epace topologique. pour lequel $\varphi(x)$ est l'ensemble des voisinages de x, pour tout x de X.
3. Soit X un ensemble
   (a) on définit $\varphi : X \to \mathcal{P}(\mathcal{P}(X))$ par $\varphi(a) = \{A \subseteq X, a \in A\}$ pour tout $a \in X$. Montrer que φ vérifie (V_1) à (V_4). Quelle est la topologie ainsi définie ?

(b) on définit $\varphi : \mathrm{X} \to \mathcal{P}(\mathcal{P}(\mathrm{X}))$ par $\varphi(a) = \{\mathrm{X}\}$ pour tout $a \in \mathrm{X}$. Montrer que φ vérifie (V_1) à (V_4). Quelle est la topologie ainsi définie ?

Exercice 6.38 (Base et engendrement d'une base).

1. Soit $\mathcal{B}$ une base d'un espace topologique $(\mathrm{X}, \mathcal{O})$. Démontrer que :

   (a) $\forall x \in \mathrm{X} \quad \forall \mathrm{V} \in \mathcal{V}(x) \quad \exists \mathrm{U} \in \mathcal{B} : x \in \mathrm{U} \subseteq \mathrm{V}$

   (b) $\mathrm{X} = \bigcup_{\mathrm{B} \in \mathcal{B}} \mathrm{B}$

   (c) $\forall \mathrm{U}, \mathrm{V} \in \mathcal{B}$, $\mathrm{U} \bigcap \mathrm{V}$ est réunion d'éléments de $\mathcal{B}$

   (d) $\forall \mathrm{U}, \mathrm{V} \in \mathcal{B}$, $\forall x \in \mathrm{U} \bigcap \mathrm{V}$ $\exists \mathrm{B} \in \mathcal{B} : x \in \mathrm{B} \subseteq \mathrm{U} \bigcap \mathrm{V}$.

2. Soient X un ensemble, et $\mathcal{B}$ un ensemble de parties de X vérifiant :
   i) $\mathrm{X} = \bigcup_{\mathrm{B} \in \mathcal{B}} \mathrm{B}$
   ii) $\forall \mathrm{U}, \mathrm{V} \in \mathcal{B}$, $\mathrm{U} \bigcap \mathrm{V}$ est réunion d'éléments de $\mathcal{B}$.
   Si $\mathcal{O}$ est l'ensemble des réunions quelconques d'éléments de $\mathcal{B}$, montrer que $(\mathrm{X}, \mathcal{O})$ est un espace topologique de base $\mathcal{B}$

3. Soient X un ensemble, et $\mathcal{A}$ un ensemble de parties de X. Soit $\mathcal{B}$ l'ensemble des intersections finies d'éléments de $\mathcal{A}$. Montrer que $\mathcal{B}$ vérifie i) et ii). D'après 2. $\mathcal{B}$ est donc la base d'un espace topologique $(\mathrm{X}, \mathcal{O})$: cette topologie est dite *engendréé par ensemble de parties* $\mathcal{A}$.

4. Trouver la topologie engendrée sur $\mathbb{R}$ par $\mathcal{A} = \{[x, x+1]\}_{x \in \mathbb{R}}$.

5. (a) Montrer qu'une base de la topologie discrete sur $\mathrm{X} \neq \Phi$ est formée par les singletons $\{x\}$.

   (b) Trouver sur $\mathrm{X} = \{0, 1, 2, 3, 4\}$ une famille $\mathcal{A}$ de doubletons $\{x, y\}$ engendrant la topologie discrete.

   (c) Décrire es ouverts de la topologie engendrée par $\mathcal{A} = \{\{0\}, \{0, 1, 2\}, \{2, 3, 4\}\}$.

Exercice 6.39 (Calculs d'intérieurs, adhérences, frontières).

1. Soit $(\mathrm{X}, \mathcal{O})$ un espace topologique de base $\mathcal{B}$; pour $\mathrm{A} \subseteq \mathrm{X}$ montrer que $x \in \overline{\mathrm{A}}$ équivaut à : $\forall \mathrm{U} \in \mathcal{B}, (x \in \mathrm{U} \Rightarrow \mathrm{U} \bigcap \mathrm{A} \neq \Phi)$.

2. On munit $\mathbb{Q}$ de la topologie gauche τ_g dont une base d'ouverts est $\mathcal{A}_g = \{(\leftarrow, x], x \in \mathbb{Q}\}$. Calculer les adhérences, intérieurs et frontières de $\mathrm{A} = [0,1[$, $\mathrm{B} = \mathbb{Z}$, $\mathrm{C} = \mathbb{N}$
3. On munit maintenant $\mathbb{Q}$ de la topologie gauche τ_+ dont une base d'ouvert est $\mathcal{A}_+ = \{[x,y[; x,y \in \mathbb{Q}\}$. Calculer les adhérences, intérieurs et frontières de $\mathrm{A} = [0,1[$, $\mathrm{B} = \mathbb{Z}$, $\mathrm{C} = \mathbb{N}$, $\mathrm{D} = [0, \to [= \mathbb{Q}^+$.
4. Peut-on affirmer en examinant les résultats de 2. et 3. que τ_+ et τ_g ne sont pas comparables ?
5. $\mathbb{R}$ étant muni de la topologie usuelle τ_0 :
   (a) Trouver les points isolés de $\mathrm{A} = \bigcup_{n \in \mathbb{N}} [n, n+1]$et $\mathrm{B} = \mathbb{N}$.
   (b) Si $\mathrm{A} = [0,1]$ et $\mathrm{B} = [1,2]$ montrer que l'inclusion $\dot{\mathrm{A}} \bigcup \dot{\mathrm{B}} \subseteq \widehat{\mathrm{A} \bigcup \mathrm{B}}$ peut être stricte.
   (c) Avec $\mathrm{A} =]0,1[$ et $\mathrm{B} =]1,2[$ montrer que l'inclusion $\overline{\mathrm{A} \bigcap \mathrm{B}} \subseteq \overline{\mathrm{A}} \bigcap \overline{\mathrm{B}}$ peut être stricte.

Exercice 6.40 (Topologie induite).

1. (a) Pour tout $x \in \mathbb{R}$ soit $\mathrm{B}_x = \{(x,y)\}_{y \in \mathbb{R}}$. Montrer que $\mathcal{B} = \{\mathrm{B}_x\}_{x \in \mathbb{R}}$ est la base d'une topologie τ sur $\mathbb{R} \times \mathbb{R}$.
   (b) Quelles sont les topologies induites par τ sur $\mathbb{R} \times \{0\}$ et $\{0\} \times \mathbb{R}$?
   (c) Soit $\mathrm{S} = \{x, y \in \mathbb{R} \times \mathbb{R}, x^2 + y^2 = 1\}$. Quelle est la topologie induite sur S par τ ?
   (d) Soit $\mathrm{A} = \mathrm{S} = \{x, y \in \mathbb{R} \times \mathbb{R}, x^2 + y^2 = 1, x \leq 0, y \leq 0\}$. Calculer $\overline{\mathrm{A}}^{\mathrm{S}}$ et $\overline{\mathrm{A}}^{\mathbb{R} \times \mathbb{R}}$ et vérifier sur cet exemple la propriété générale suivante : si $\mathrm{A} \subseteq \mathrm{B} \subseteq \mathrm{X}$ alors $\overline{\mathrm{A}}^{\mathrm{B}} \subseteq \overline{\mathrm{A}}^{\mathrm{X}} \bigcap \mathrm{B}$.
   (e) Démontrer cette propriété.
2. (a) Montrer qu'une base de topologie sur $\mathbb{Q} \times \mathbb{Q}$ est donnée par $\mathcal{B} = \{\mathrm{B}_{x,x'}\}_{x,x' \in \mathbb{Q}}$ où $\mathrm{B}_{x,x'} = \{(x,y) : x < z < x', y \in \mathbb{Q}\}$.
   (b) Si $\mathrm{A} = \{x, y \in \mathbb{Q} \times \mathbb{Q}, x^2 + y^2 = 1\}$ calculer $\dot{\mathrm{A}}$, $\overline{\mathrm{A}}$, $\mathrm{F}r(\mathrm{A})$, $\mathrm{E}xt(\mathrm{A})$.
   (c) Calculer les topologies induites sur $\mathbb{Q} \times \{0\}$ et $\{0\} \times \mathbb{Q}$.

(d) trouver les adhérences de ces deux ensembles dans $\mathbb{Q} \times \mathbb{Q}$.

Exercice 6.41 (Filtre).

Soit $(\mathrm{X}, \mathcal{O})$ un espace topologique.

1. Soit $x \in \mathrm{X}$, $\mathcal{V}(x)$ l'ensemble des voisinages de x, $\mathcal{F}(x)$ un système fondamental de voisinages de x. Montrer que $\mathcal{V}(x)$ est un filtre, que $\mathcal{F}(x)$ est une base de filtre engendrant $\mathcal{V}(x)$.
2. Soit E un ensemble infini. On note I(E) l'ensemble des complémentaires des parties finies de E. Montrer que I(E) est un filtre sur E. Lorsque $\mathrm{E} = \mathbb{N}$, I(E) est appelé le filtre de Fréchet. Que se passe-t-il quand E est fini ?
3. Soit $(x_n)_{n\geq 0}$ une suite d'éléments de X et f l'application : $\mathbb{N} \to \mathrm{X}$ associé (i.e. $f(n) = x_n$). Montrer que $f(\mathrm{I}(\mathbb{N}))$ est une base de filtre sur X, qui engendre le filtre élémentaire associé à $(x_n)_{n\geq 0}$.
4. (a) Montrer que la suite $(x_n)_{n\geq 0}$ converge vers x si et seulement si le filtre élémentaire associé à $(x_n)_{n\geq 0}$ converge vers x.
   (b) Soit $f : \mathrm{X} \to \mathrm{Y}$ où $(\mathrm{X}, \mathcal{O})$ et $(\mathrm{Y}, \mathcal{U})$ sont des espaces topologiques. Démontrer que f est continue en $z \in \mathrm{X}$ si et seulement si le filtre engendré par $f(\mathcal{V}(z))$ converge vers $f(z)$.

Exercice 6.42 (Ultrafiltre).

1. Soit $\mathcal{F}(\mathrm{E})$ l'ensemble ordonné par l'inclusion des filtres sur un ensemble E.
   (a) Montrer que $\mathcal{F}(\Phi) = \Phi$.
   (b) Montrer que si $\mathrm{E} \neq \Phi$ $\mathcal{F} = \{\mathrm{E}\}$ est le plus petit filtre sur E. Pourquoi $\mathcal{F} = \mathcal{P}(\mathrm{E})$ n'est-il pas un filtre sur E.
   (c) Montrer que Φ_{E} est inductif.
2. Si $\mathcal{U}$ est un ultrafiltre sur un espace topologique X montrer que : U converge vers x équivaut à : x est adhérent à $\mathcal{U}$ (i.e. $\forall \mathrm{U} \in \mathcal{U} : x \in \overline{\mathrm{U}}$)
3. On munit $\mathbb{R}$ de la topologie usuelle. Soient $\mathrm{F}_1 = \{\mathrm{A} \subseteq \mathbb{R}, \sqrt{2} \in \mathrm{A}\}$, $\mathrm{F}_2 = \{\mathrm{A} \subseteq \mathbb{R}, \sqrt{2}, \sqrt{3} \in \mathrm{A}\}$ et $\mathcal{B} = \{]x, +\infty[, x \in \mathbb{R}\}$. Questions.

(a) F_1 et F_2 sont des filtres, $\mathcal{B}$ est la base d'un filtre F_3, mais n'est pas un filtre.

(b) F_1 est un ultrafiltre, $F_2 \subseteq F_1$, F_1 est convergent, F_2 n'est pas convergent.

(c) F_3 n'est pas un ultrafiltre, F_3 n'est pas convergent.

(d) Soit $\mathcal{U}$ un ultrafiltre contenant F_3 : $\mathcal{U}$ n'est pas convergent.

Exercice 6.43 (Filtres speciaux).

1. X est un ensemble fini non vide.

   (a) soit $\mathcal{B} = \{B_1, B_2, ..., B_n\}$ une base de filtre, engendrant un filtre $\mathcal{F}$. Montrer que $\bigcap_{i=1}^{n} B_i$ contient un élément $A \in \mathcal{B}$ et que $\mathcal{B}$ et $\{A\}$ engendrent toutes deux le filtre $\mathcal{F}$. On note $\mathcal{P}(A)$ le filtre engendré par $\{A\}$, avec $A \neq \Phi$.

   (b) En déduire que tout filtre est de la forme $\mathcal{P}(A)$.

2. X est un ensemble non vide et $\mathcal{F}$ un filtre sur X.

   (a) On suppose que $\mathcal{F}$ est ultrafiltre. Soit $A \subseteq X$: si $A \notin \mathcal{F}$ soit $\mathcal{F}_A = \{M \subseteq X, M \bigcup A \in \mathcal{F}\}$. Montrer que $\mathcal{F}_A$ est un filtre, plus fin que $\mathcal{F}$. En déduire que $\complement A \in \mathcal{F}$

   (b) Réciproquement on suppose que $\mathcal{F}$ vérifie : $\forall A \subseteq X : A \in \mathcal{F}$ ou $\complement A \in \mathcal{F}$. Montrer que $\mathcal{F}$ est un ultrafiltre.

3. X est un ensemble non vide.

   (a) $\forall x \in X$ $\mathcal{P}(\{x\})$ est un ultrafiltre (dit ultrafiltre trivial).

   (b) Si X est fini soit $\mathcal{P}(A)$ un filtre sur X. Si $\mathcal{P}(A)$ est un ultrafiltre montrer que $A = \{a\}$.

   (c) En déduire la forme et le nombre des filtres et ultrafiltres sur un ensemble fini.

   (d) Faire le treillis des filtres sur un ensemble à trois éléments.

4. (a) Montrer que, sur $\mathbb{N}$, $I(\mathbb{N})$ filtre de Fréchet n'est pas un ultrafiltre et n'est comparable à aucun ultrafiltre trivial. Ceci démontre l'existence d'ultrafiltres non triviaux.

   (b) Montrer que les filtres $\mathcal{P}(3\mathbb{N})$ et $\mathcal{P}(2\mathbb{N})$ ne sont pas comparables.

(c) Montrer : $\mathcal{P}(6\mathbb{N}) = \sup\{\mathcal{P}(3\mathbb{N}), \mathcal{P}(2\mathbb{N})\}$.

Exercice 6.44 (Continuité locale).

Soit $f : \mathrm{X} \to \mathrm{Y}$ où X et Y sont deux espaces topologiques. On rappelle que f est continue en $x \in \mathrm{X}$ si :
$\forall \mathrm{V} \in \mathcal{V}(f(x)),\ f^{-1}(\mathrm{V}) \in \mathcal{V}(x)$.

1. On choisit $\mathrm{X} = \{a, b, c, d\}$, $\mathcal{O} = \{\Phi, \mathrm{X}, \{a\}, \{a, b\}, \{b, c, d\}, \{b\}\}$, $\mathrm{Y} = \{x, y, z, t\}$ $\mathcal{U} = \{\Phi, \mathrm{Y}, \{x\}, \{x, y\}, \{x, y, z\}\}$ et $f : (\mathrm{X}, \mathcal{O}) \to (\mathrm{Y}, \mathcal{U})$ définie par $f(a) = f(b) = x$, $f(c) = y$, $f(d) = t$.

   (a) Vérifier que $(\mathrm{X}, \mathcal{O})$ et $(\mathrm{Y}, \mathcal{U})$ sont des espaces topologiques.

   (b) Calculer $\mathcal{V}(a)$, $\mathcal{V}(b)$, $\mathcal{V}(c)$, $\mathcal{V}(d)$.

   (c) $\mathcal{V}(x)$, $\mathcal{V}(y)$, $\mathcal{V}(z)$, $\mathcal{V}(t)$.

   (d) $f^{-1}(\mathcal{V}(x))$, $f^{-1}(\mathcal{V}(y))$, $f^{-1}(\mathcal{V}(t))$.

   (e) En déduire que f est continue en a, b, d, discontinue en c.

   (f) Soit $g : (\mathrm{Y}, \mathcal{U}) \to (\mathrm{X}, \mathcal{O})$ avec $g(x) = b$, $g(y) = c$, $g(z) = a$, $g(t) = d$. Montrer que g est discontinue en $f(d)$ mais que $g \circ f$ est continue en d. $g \circ f$ est-elle continue sur X ?

2. Soit $f : (\mathrm{X}, \mathcal{O}) \to (\mathrm{Y}, \mathcal{U})$ et $g : (\mathrm{Y}, \mathcal{U}) \to (\mathrm{Z}, \mathcal{W})$.

   (a) Si f est continue en x_0 et g continue en $f(x_0)$ alors $g \circ f$ est continue en x_0 (Utiliser 1.)

   (b) Déduire de 1. que la réciproque de l'assertion 2. (a) est fausse.

Exercice 6.45 (Continuité locale et continuité globale).

Soient X un ensemble et A une partie de X : la fonction caractéristique de A est l'application $\chi_{\mathrm{A}} : \mathrm{X} \to \mathbb{R}$ définie par $\begin{cases} \chi_{\mathrm{A}}(x) = 1 \text{ si } x \in \mathrm{X} \\ \chi_{\mathrm{A}}(x) = 0 \text{ si } x \notin \mathrm{X} \end{cases}$.

1. $(\mathrm{X}, \mathcal{O})$ est un espace topologie, A un sous-espace de X.

   (a) $\mathbb{R}$ est numi de la topologie usuelle; démontrer que χ_{A} est continue en x si et seulement si $x \notin \mathrm{Fr}(\mathrm{A})$.

   (b) A quelle condition χ_{A} est-elle continue sur X ?

   (c) A quelle condition a-t-on : $\forall A \in P(X)$, χ_A est continue sur X ?

2. $X = \{a, b\}$ muni de la topologie grossière. Soit $A = \{a\}$.
   (a) Montrer que $\overline{A} = X$, $\overline{\complement A} = X$, $Fr(A) = X$.
   (b) χ_A n'est continue en aucun point.
   (c) Si $f = \chi_A|A$: f est continue sur A, si $g = \chi_A|\complement A$: g est continue sur $\complement A$.

3. Un espace topologique X est résoluble s'il existe dans X deux parties complémentaires partout denses ($\overline{A} = X$, $\overline{\complement A} = X$). Démontrer, comme au 2. que si dans un espace résoluble $\overline{A} = \overline{\complement A} = X$ on a :
   (a) χ_A n'est continue en aucu point
   (b) $\chi_{\complement A}$ n'est continue en aucu point
   (c) $\chi_A|A$ et $\chi_{\complement A}|\complement A$ sont continues.

Exercice 6.46 (Convergence et continuité).

1. Soit (X, τ) un espace topologique.
   (a) Si τ est la topologie grossière toute suite converge vers tout point de X.
   (b) Si τ est la topologie discrète les suites convergentes sont les suites stationnaires (i.e. $\exists n_0 \ \forall n \geq n_0 \ x_n = x_0$).
   (c) Si X est infini soit $\mathcal{O} = \{\Phi\} \bigcup \{A \subseteq X \ card \complement A \leq card \mathbb{N}\}$. Montrer que (X, O) est un espace topologique dans lequel les suites convergentes sont les suites stationnaires.
   (d) Soit A un sous-espace de X. Si $(x_n)_{n \geq 0}$ est une suite de points de A et si $(x_n)_{n \geq 0}$ converge dans X vers x, on a $x \in \overline{X}$.

2. (a) Soit $f : (X, \mathcal{O}) \to (Y, \mathcal{U})$ continue en $x_0 \in X$. Montrer que f est séquentiellement continue en x_0, c'est-à-dire vérifie :

   $$[SC]_{x_0} \ \forall (y_n)_{n \geq 0} \ y_n \in Y : \lim y_n = x_0 \Rightarrow \lim f(y_n) = f(x_0)$$

   (b) On munit $\mathbb{R}$ de la topologie $\mathcal{O}$ définie en 1.(c). Montrer que pour tout espace topologique (Y, τ) et toute application $f : (\mathbb{R}, \mathcal{O}) \to (Y, \tau)$, f vérifie $[SC]_x$ pour tout $x \in \mathbb{R}$.

(c) En particulier $f = 1_{\mathbb{R}}$ $(\mathbb{R}, \mathcal{O}) \to (\mathbb{R}, \tau_0)$, τ_0 désignant la topologie usuelle de $\mathbb{R}$, vérifie $[\mathrm{SC}]_x$ pour tout x mais n'est pas continue (calculer $f^{-1}(]0,1[)$). Montrer que de plus f n'est continue en aucun point.

Exercice 6.47 (Continuité et topologie).

1. Soit X un espace discret : montrer que pour tout espace topologique et toute application $f : \mathrm{X} \to \mathrm{Y}$, f est continue.
2. Soit Y un espace grossier : montrer que pour tout espace X et toute application $f : \mathrm{X} \to \mathrm{Y}$, f est continue.
3. On munit $\mathbb{R}$ de la topologie usuelle. Soit $(\mathrm{X}, \mathcal{O})$ un espace topologique tel que toute application $f : \mathrm{X} \to \mathbb{R}$ soit continue. Montrer que X est discret.
4. Soit $f : \mathbb{N} \to \mathbb{R}$ avec $f(n) = n + 1$.
   (a) si $\mathbb{N}$ est muni de la topologie τ définie par :
   $\mathcal{O} = \{\Phi, \mathbb{R}\} \bigcup \{[0, n]\}_{n \in \mathbb{N}}$ et si $\mathbb{R}$ est muni de la topologie τ' définie par :
   $\mathcal{O}' = \{\Phi, \mathbb{R}\} \bigcup \{[0, x]\}_{x \in \mathbb{R}, x \geq 1}$,
   montrer que :
   $f : (\mathbb{N}, \tau) \to (\mathbb{R}, \tau')$ est continue.
   (b) Soit τ_0 la topologie sur $\mathbb{N}$ définie par $\mathcal{O}_0 = \{\Phi, \mathbb{R}\} \bigcup \{[0, n]\}_{n \geq 1}$.
   Montrer que $\tau_0 \leq \tau$ et que :
   $f : (\mathbb{N}, \tau_0) \to (\mathbb{R}, \tau')$ n'est pas continue.
   (c) Soit τ'_0 la topologie sur $\mathbb{R}$ définie par
   $\mathcal{O}_0 = \{[2, x], x \in \mathbb{R}, x \geq 2\} \bigcup \mathcal{O}'$. Montrer que $\tau' \leq \tau'_0$ et que : $f : (\mathbb{N}, \tau) \to (\mathbb{N}, \tau'_0$ n'est pas continue.
5. Soit $f : (\mathrm{X}, \tau) \to (\mathrm{Y}, \tau')$ une application continue.
   (a) Montrer que si $\tau \leq \tau_1$, $f : (\mathrm{X}, \tau_1) \to (\mathrm{Y}, \tau')$ est continue. Que peut-on dire si $\tau_1 \leq \tau$?
   (b) Montrer que si $\tau'_1 \leq \tau'$, $f : (\mathrm{X}, \tau) \to (\mathrm{Y}, \tau'_1)$ est continue. Que peut-on dire si $\tau' \leq \tau'_1$?
6. Soit $f : (\mathrm{X}, \tau) \to (\mathrm{Y}, \tau')$ une application non continue .
   (a) Montrer que si $\tau_1 \leq \tau$, $f : (\mathrm{X}, \tau_1) \to (\mathrm{Y}, \tau')$ n'est pas continue. Que peut-on dire si $\tau \leq \tau_1$?

(b) Montrer que si $\tau' \leq \tau'_1$, $f : (\mathrm{X}, \tau) \to (\mathrm{Y}, \tau'_1)$ n'est pas continue. Que peut-on dire si $\tau'_1 \leq \tau'$?

7. Soit $f : \mathrm{E} \to \mathrm{F}$ une application, où F est un espace topologique et τ, τ' deux topologies sur E. Si $\delta = sup(\tau, \tau')$ montrer l'équivalence de :

   (a) $f : \mathrm{E} \to (\mathrm{F}, \delta)$ est continue en E.

   (b) $f : \mathrm{E} \to (\mathrm{F}, \tau)$ et $f : \mathrm{E} \to (\mathrm{F}, \tau')$F sont continues en E.

8. Soit $f : \mathrm{E} \to \mathrm{F}$ une application, où F est un espace topologique et τ, τ' deux topologies sur E. Si $\varsigma = inf(\tau, \tau')$
montrer l'équivalence de :

   (a) $f : (\mathrm{E}, \varsigma) \to \mathrm{F}$ est continue en E.

   (b) $f : (\mathrm{E}, \tau) \to \mathrm{F}$ et $f : (\mathrm{E}, \tau') \to \mathrm{F}$ sont continues en E.

Exercice 6.48 (Homéomorphisme).

1. On munit $\mathbb{R}$ de la topologie usuelle et $\mathrm{A} =]-\frac{\pi}{2}, +\frac{\pi}{2}[$ de la topologie induite. Soit $f : \mathrm{A} :\to \mathbb{R}$ définie par $f(x) = \operatorname{tg} x$.

   (a) Montrer que f est un homéomrphisme.

   (b) Soit $g :]0, 1[\to \mathrm{A}$ définie par $g(x) = \pi x - \frac{\pi}{2}$.
   Montrer que g est un homéomorphisme.

   (c) Montrer que $\mathbb{R}$ et $]0, 1[$ sont homéomorphes.

2. Sur $\mathrm{X} = \{1, 2, 3, 0\}$ soit $\mathcal{O} = \{\mathrm{X}, \Phi, \{0\}, \{0, 1\}, \{0, 1, 2\}, \{1\}\}$ et soit $\mathcal{U} = \{\mathrm{X}, \Phi, \{0\}, \{0, 1\}, \{0, 1, 2\}\}$.
On considère $f = 1_{\mathrm{X}} : (\mathrm{X}, \mathcal{O}) \to (\mathrm{X}, \mathcal{U})$.
Montrer que f est bijective, continue, mais non un homéomorphisme. Autre exemple sur X ?

3. Si τ et τ' sont deux topologies sur X,
montrer que l'application $1_{\mathrm{X}} : (\mathrm{X}, \tau) \to (\mathrm{X}, \tau')$ est

   (a) continue si et seulement si $\tau \leq \tau'$,

   (b) un homéomorphisme si et seulement si $\tau = \tau'$.

4. Soit A un sous-espace de (X, τ) (muni de la topologie induite τ_{A}). Montrer que l'injection canonique :
$i : (\mathrm{A}, \tau_{\mathrm{A}}) \to (\mathrm{A}, \tau)$ est continue.

5. Démontrer que $\mathbb{R}$ muni de la topologie usuelle τ_0 est homéomorphe au sous-espace $]-1,+1[$ (muni de la topologie induite) par l'application f définie par $f(x) = \frac{x}{1+|x|}$, dont on calculera l'applicatio réciproque.

Exercice 6.49 (Topologie produit).

Soit $(X_i, \mathcal{O}_i)_{i\in I}$ une famille d'espaces topologiques, et soit $X = \prod_{i\in I} X_i$ muni de la topologie produit : $(X, \mathcal{O})$.

1. Appelons *ouvert élémentaire* de X toute partie A de X de la forme $A = \prod_{i\in I} A_i$ et telle que $A_i = X_i$ sauf pour un nombre fini d'indices pour lesquels $A_i \in \mathcal{O}_i$. Démontrer que l'ensemble $\mathcal{B}$ des ouverts élémentaires est une base de $\mathcal{O}$.
2. Décrire l'ensemble $\mathcal{B}$ lorsque I est fini.
3. Si pour tout $i \in I$ $\mathcal{B}_i$ est une base de $\mathcal{O}_i$, montrer que l'ensemble $\mathcal{B}'$ des parties de la forme $\prod_{i\in I} A_i$, avec $A_i = X_i$, sauf pour un nombre fini d'indices pour lesquels $A_i \in \mathcal{B}_i$ est une base de $\mathcal{O}$.
4. Décrire $\mathcal{B}'$ pour $\mathbb{R} \times \mathbb{R}$, où $\mathbb{R}$ est muni de la topologie usuelle.
5. Décrire $\mathcal{B}'$ pour $X_1 \times X_2$, où X_1 est discret et X_2 grossier. La topologie produit est-elle discrète ? grossière ?
6. Montrer que tout produit d'espaces grossiers est grossier, et que tout produit fini d'espaces discrets est discret.
7. Soit $E = \{0, 1\}$ muni de la topologie discrète. Si $X = \prod_{n\in\mathbb{N}} X_n$ avec pour tout n : $X_n = E$, démontrer que l'ensemble $A = \{(x_n)_{n\in\mathbb{N}},\ x_n = 0\ \forall n\}$ n'est pas ouvert. Conclusion ?

Exercice 6.50 (Applications ouvertes et fermées, homéomorphismes).

1. Montrer que l'intervalle fermé $A = [a, b]$ est homéomorphe à l'intervalle unité $I = [0, 1]$
2. Montrer que l'aire n'est pas une propriété topologique.

Exercice 6.51 (Topologie engendrée par des applications).

Soit τ la topologie de la droite réelle $\mathbb{R}$ engendrée par les intervales semi-ouvert $[a,b)$, et soit τ^* la topologie sur $\mathbb{R}$ engendrée par les familles d'applications linéaires affines $f : \mathbb{R} \to (\mathbb{R}, \tau)$ définie par $f(x) = ax + b$, $a, b \in \mathbb{R}$.
Montrer que τ^* est une topologie discrete sur $\mathbb{R}$.

Exercice 6.52 (Exemples d'espaces normés).

1. Montrer que sur $\mathbb{R}^n$ et $\mathbb{C}^n$ les applications :
   $\|x\|_1 = max\{|x_i|, 1 \leq i \leq n\}$; $\|x\|_2 = \sum\limits_{i=1}^{n} |x_i|$ où
   $x = (x_1, ..., x_n) \in \mathbb{R}^n$ ou $\mathbb{C}^n$; $\|x\|_3 = \sqrt{\sum\limits_{i=1}^{n} |x_i|^2}$ sont des normes dont on donnera les distances associées.
2. Soit $\mathrm{E} = \mathcal{C}([0,1], \mathbb{R})$ ensemble des applications continues dans $\mathbb{R}$. Montrer que :
   (a) E est un espace vectoriel sur $\mathbb{R}$
   (b) Pour $f \in \mathrm{E}$ on pose $\|f\|_1 = \int_0^1 |f(x)|dx$. Montrer que $(\mathrm{E}, \|.\|_1)$ est un espace normé dont on donnera la distance associée.
   (c) Pour $f \in \mathrm{E}$ soit $\|f\|_\infty = \sup\limits_{x \in [0,1]} |f(x)|$. $(\mathrm{E}, \|.\|_\infty)$ est un espace normé dont on donnera la distance associée.

Exercice 6.53 (Espaces normés :liens avec les espaces métriques).

1. Soit $(\mathrm{E}, \|\cdot\|)$ un espace normé, et d la distance associée. Démontrer que
   (a) d satisfait effectivement les axiomes des distances.
   (b) d satisfait en plus les axiomes de compatibilité :

$$(\mathrm{D}_4)\ \forall x, y, t \in \mathrm{E}\ d(x+t, y+t) = d(x,y)$$

   C'est l'invariance par translation.

$$(\mathrm{D}_5)\ \forall x, y \in \mathrm{E},\ \ \forall \lambda \in \mathrm{K} : d(\lambda x, \lambda y) = |\lambda| d(x,y)$$

2. Soit E un espace vectoriel sur $K = \mathbb{R}$ ou $\mathbb{C}$. On suppose de plus que E est un espace métrique (E, d) pour lequel les axiomes (D_4) et (D_5) sont réalisés. Montrer que $\|x\| = d(x, 0)$ définit une norme sur E, dont la distance associée est d. Conclusion ?
3. Soit E un espace vectoriel muni de la distance discrète. Peut-on en faire un espace normé ?
4. On munit $\mathbb{R}^2$ de la norme euclidienne $\| \|_3$ et l'on pose, pour $x, y \in \mathbb{R}^2$:

$$d(x, y) = \|x\|_3 + \|y\|_3 \text{ si } \|x\|_3 \neq \|y\|_3.$$

$$d(x, y) = \|x - y\|_3 \text{ si } \|x\|_3 = \|y\|_3.$$

   (a) Montrer que d est une distance sur $\mathbb{R}^2$,
   (b) décrire les boules $B((0, 1), r)$ selon les valeurs de r,
   (c) montrer que $(\mathbb{R}^2, d)$ ne peut être un espace normé.
5. Vérifier directement que sur $E = \mathcal{C}([0, 1], \mathbb{R})$, $d(f, g) = \int_0^1 |f(x) - g(x)| dx$ et $d(f, g) = \sup_{x \in [0,1]} |f(x) - g(x)|$ sont des distances compatibles avec la structure d'espace vectoriel de E.

Exercice 6.54 (Normes équivalentes).

Soit $(E, \| \|_1)$ un espace normé. On suppose que $\| \|_2$ est une autre norme sur E. Rappelons que $\| \|_1$ et $\| \|_2$ sont dites équivalentes s'il existe $a, b > 0$ tels que $\forall x \in E$: $\|x\|_1 \leq a\|x\|_2$ et $\|x\|_2 \leq b\|x\|_1$; si d_1 et d_2 sont les distances associées à $\| \|_1$ et $\| \|_2$ ceci veut dire que d_1 et d_2 sont métriquement équivalentes : on dira que $\| \|_1$ et $\| \|_2$ sont topologiquement équivalentes. De même on dira que $\| \|_1$ et $\| \|_2$ sont topologiquement équivalentes si d_1 et d_2 sont topologiquement équivalentes c'est-à-dire induisent la même topologie sur E.

1. Montrer que si $\| \|_1$ est métriquement équivalent à $\| \|_2$ alors $\| \|_1$ est topologiquement équivalente à $\| \|_2$.
2. Supposons $\| \|_1$ et $\| \|_2$ topologiquement équivalentes. Démontrer que :
   (a) l'application $1_E : (E, \| \|_1) \to (E, \| \|_2)$ est continue.

(b) soit $B_2(0,1) = \{x,\ \|x\|_2 \leq 1\}$: il existe une boule $B_1(0,\rho) = \{x,\ \|x\|_1 \leq \rho\}$ telle que $1_E(B_1) \subseteq B_2$.

(c) soit $r > 0$ et $B_1(0,r)$ montrer que $1_E(B_1(0,r)) \subseteq B_2(0,r')$ et en conclure que $1_E(S_1(0,1))$ est borné dans E pour $\|\|_2$.

(d) en déduire qu'il existe $a > 0$ tel que $\|x\|_2 \leq a\|x\|_1$ pour tout $x \in S_1(0,1)$ et que cette inégalité reste vraie pour tout $x \in E$.

(e) montrer de même qu'il existe $b \geq 0$ tel que $\|x\|_1 \leq b\|x\|_2$.

3. Conclusion ?

4. Montrer que deux normes équivalentes $\|\|_1$ et $\|\|_2$ donnent lieu aux même suites de Cauchy et aux même suites convergentes et que si E est complet pour l'une, il l'est pour l'autre.

Exercice 6.55 (Espaces de Banach).

1. Sur $E = \mathcal{C}([0,1],\mathbb{R})$ soient les deux normes $\|f\|_1 = \int_0^1 |f(x)|dx$ et $\|f\|_\infty = \sup_{x\in[0,1]} |f(x)|$.

   (a) Montrer qu'il existe a, $a = 1$ tel que $\|f\|_1 \leq a\|f\|_\infty$ pour tout $f \in E$ et que toute suite de Cauchy (resp covergente) pour $\|\|_\infty$ est de Cauchy (resp convergente) pour $\|\|_1$.

   (b) pour $n \geq 0$ soit $f_n : t \to t^n$, $f_n \in E$. Calculer $\|f_n\|_1$ et $\|f_n\|_\infty$ et en conclure qu'il n'existe pas de nombre $b \geq 0$ tel que $\|f\|_\infty \leq b\|f\|_1$ pour tout $f \in E$.

   (c) montrer que $(E, \|\|_\infty)$ est un espace de Banach.

   (d) pour $n \geq 1$ soit $f_n(t) = \min\{n, \frac{1}{\sqrt{t}}\}$. Montrer que $\|f_{n+p} - f_n\|_1 \leq \frac{1}{n}$ et que $(f_n)_{n\geq 1}$ est une suite de Cauchy pour $\|\|_1$. Si elle convergeait vers une fonction $f \in E$ on aurait $f(t) = \frac{1}{\sqrt{t}}$, $\forall t \in [0,1]$. Conclure à une absurdité.

   (e) montrer que $(f_n)_{n\geq 1}$ n'est pas une suite de Cauchy pour $\|\|_\infty$.

2. Soient $(E, \|\|_E)$ et $(F, \|\|_F)$ deux espaces normés, sur le même corps. Montrer que :

   (a) les trois normes fondamentales sur $E \times F$ sont équivalentes.

(b) soit $(x_n, y_n)_{n\geq 0}$ une suite de E × F. On a : $(x_n, y_n)_{n\geq 0}$ est convergente dans E × F (resp de Cauchy) si et seulement si $(x_n)_{n\geq 0}$ et $(y_n)_{n\geq 0}$ sont convergentes dans E et F (resp de Cauchy).

(c) soient dans l'espace l^2 (l^2 est l'ensemble des suites $(x_n)_{n\geq 0}$ de nombres complexes telles que le série $\sum\limits_{n\geq 0} |x_n|^2$ converge) les éléments p_n, $n \geq 0$ où $p_n = (a_{0n}, a_{1n}, ...)$ avec $a_{in} = 0$ si $i \neq n$, $a_{nn} = 1$. On note $\pi_n : l^2 \to \mathbb{C}$ la projection $\pi_n(x_0, ..., x_n, ...) = x_n$. Démontrer que pour tout $i \geq 0$ la suite $(\pi_i(p_n))_{n\geq 0}$ converge dans $\mathbb{C}$, mais que la suite $(p_n)_{n\geq 0}$ est divergente dans l^2.

Exercice 6.56 (Espaces normés quotients).

1. Soit (E, $\|\|$) un espace normé, F un sous-espace vectoriel de E. Montrer que :
   (a) $\overline{\mathrm{F}}$ est un sous-espace vectoriel de E.
   (b) si F est fermé, E/F est séparé (E/F muni de la topologie quotient l'équivalence étant $x\mathrm{R}y$ si et seulement si $x - y \in \mathrm{F}$).
   (c) si E/F est séparé, F est fermé.
2. Soit F un sous-espace vectoriel fermé de (E, $\|\|$) espace normé, et $p : \mathrm{E} \to \mathrm{E/F}$ la surjection canonique. Démontrer que :
   (a) E/F est normé par $\|p(x)\| = \inf\{\|y\|,\ y - x \in \mathrm{F}\}$.
   (b) p est uniformement continue et ouverte.
   (c) la topologie associée à la norme $\|p(x)\|$ est la topologie quotient de E/F.
3. Soit $\mathrm{E} = \mathcal{J}([0,1], \mathbb{R})$ espace des fonctions Riemann-intégrables sur $[0,1]$. Pour $f \in \mathrm{E}$ soit $\|f\|_1 = \int\limits_0^1 |f(x)|dx$. Montrer que :
   (a) $\|\|_1$ n'est pas une norme.
   (b) pour $f \in \mathrm{E}$ soit $\mathrm{B}(f, r) = \{g \in \mathrm{E},\ \|g - f\|_1 < r\}$. Montrer que l'on peut définir aussi une topologie (non séparée) sur E.

(c) soit $\mathrm{F} = \mathrm{B}'(0,0) = \{g \in \mathrm{E},\ \|g\|_1 = 0\}$. F est un sous-espace vectoriel fermé de E.

(d) si $p : \mathrm{E} \to \mathrm{E}/\mathrm{F}$ est la surjection canonique $\|p(f)\| = \inf\{\|g\|_1,\ g - f \in \mathrm{F}\}$ est une norme sur E/F.

Exercice 6.57 (Espaces normés de dimension finie).

1. Soit E un espace normé sur $\mathrm{K} = \mathbb{R}$ ou $\mathbb{C}$ de dimension 1 et de base $\{e\}$. Construire une application $f : \mathrm{E} \to \mathrm{K}$ isomorphisme d'espaces vectoriels telle que f et f^{-1} soient uniformément continues. En déduire que E est un espace de Banach.
2. On suppose que pour tout espace normé E de dimension $n-1$, il existe $f : \mathrm{E} \to \mathrm{K}^{n-1}$ isomorphisme d'espaces vectoriels telle que f et f^{-1} soient uniformément continues. Soient E un espace vectoriel de dimension n et de base $\{e_1, ..., e_n\}$.

   (a) Pour tout $i = 1, ..., n$ soit $g_i : \mathrm{E} \to \mathrm{K}$ définie par :

   $$g_i\left(\sum_{j=1}^{n} \lambda_j e_j\right) = \lambda_i.$$

   Montrer que $g_i^{-1}(0) = \mathrm{H}_i$ est un sous-espace vectoriel de E de dimension $n-1$.

   (b) En déduire que H_i est fermé.

   (c) Soit $a \notin \mathrm{H}_i$. Construire $b \notin \mathrm{H}_i$ tel que $g_i(b) = 1$.

   (d) Montrer que $b + \mathrm{H}_i = \{b + h,\ h \in \mathrm{H}_i\}$ est fermé et qu'il existe $r > 0$ tel que $\mathrm{B}(0,r) \bigcap (b + \mathrm{H}_i) = \Phi$.

   (e) Si $x \in \mathrm{B}(0,r)$ montrer que $g_i(x) \neq 1$, puis, par l'absurde, que $|g_i(x)| < 1$.

   (f) En conclure que g_i est uniformément continue.

   (g) Montrer que $g : \mathrm{E} \to \mathrm{K}^n$ définie par $g(x) = (g_1(x), ..., g_n(x))$ est un isomorphisme d'espaces vectoriels et est uniformément continue.

   (h) Démontrer que $g_{-1} : \mathrm{K}^n \to \mathrm{E}$ est uniformément continue.

3. Enoncer le résultat obtenu. En déduire en particulier que si E est normé de dimension finie, E est un espace de Banach, localement compact, et que $B'(0,1)$ est compact.
4. Montrer que dans un espace normé de dimension finie les parties compactes sont les parties fermées bornées.
5. Soit E un espace vectoriel de dimension finie n, et soient p, q deux normes sur E.

   (a) Montrer que $1_E : (E,p) \to (E,q)$ est uniformément continue, et en déduire que $\exists a > 0$ tel que $\forall x \in E : q(x) \leq a.p(x)$. Conclure que p et q sont équivalentes.

   (b) Enoncer le resultat ainsi démontré.

Exercice 6.58 (Convergence simple).

1. Montrer qu'une suite $(f_n)_{n\geq 0}$, $f_n \in \mathcal{F}_s(X,Y)$ converge vers $f \in \mathcal{F}_s(X,Y)$ si et seulement si : $\forall x \in E$ la suite $(f_n(x))_{n\geq 0}$ converge vers $f(x)$ dans Y.
2. (a) Pour $f \in \mathcal{F}_s(X,Y)$ et $x \in X$ soit $e_x(f) = f(x)$(évaluation de f en x). Montrer que les applications e_x ainsi définies sont continues.

   (b) Démontrer que si $X = \{x\}$, $\mathcal{F}_s(X,Y)$ est homéomorphe à Y.
3. On suppose Y séparé, Montrer que :

   (a) $\mathcal{F}_s(X,Y)$ est séparé.

   (b) si $A \subseteq \mathcal{F}_s(X,Y)$, A est compact si et seulement si : A est fermé et pour tout $x \in X$ $\{f(x),\ f \in A\}$ est relativement compact dans Y (Utiliser le théorème de Tychonoff).

   (c) si $Y = \mathbb{R}$ muni de la toplogie usuelle, et $X = [0,1]$. On définit $f_n \in \mathcal{F}_s(X,Y)$ par :

$$\begin{cases} f_n(x) = 4n^2x & si \quad x \in [0, \frac{1}{2n}] \\ f_n(x) = -4n^2x + 4n & si \quad x \in]\frac{1}{2n}, \frac{1}{n}[\\ f_n(x) = 0 & si \quad x \in [\frac{1}{n}, 1] \end{cases}$$

   Montrer que $(f_n)_{n\geq 1}$ converge vers la fonction nulle $x \to 0$.

(d) Soit $Y = \mathbb{R}$ muni de la toplogie discrète : montrer que la suite précédente est convergente dans $\mathcal{F}_s(X, Y)$.

Exercice 6.59 (Convergence uniforme).

1. Soient X, Y deux espaces métriques. on note $\mathcal{C}^\infty_S(X, Y)$, $\mathcal{C}^\infty_U(X, Y)$, l'espace $\mathcal{C}^\infty(X, Y)$ muni de la topoogie de la convergence simple, uniforme. Mêmes notations $\mathcal{B}^\infty_S(X, Y)$, $\mathcal{B}^\infty_U(X, Y)$. Montrer que :
   (a) si $(f_n)_{n\geq 0}$ converge vers f dans $\mathcal{C}^\infty_U(X, Y)$, $(f_n)_{n\geq 0}$ converge vers f dans $\mathcal{C}^\infty_S(X, Y)$.
   (b) $\mathcal{C}^\infty_U(X, Y)$ est fermé dans $\mathcal{B}^\infty_U(X, Y)$.
   (c) $\overline{\mathcal{C}^\infty_S(X, Y)} \supsetneq \mathcal{C}^\infty_S(X, Y)$: on prendra $X = [0, 1]$ muni de la métrique usuelle, $Y = \mathbb{R}$, et on considérera la suite $(f_n)_{n\geq 0}$ avec : $f_n = \frac{nx}{1+nx}$.
2. (a) Montrer que la topologie de la convergence uniforme est plus forte que celle de la convergence simple sur $\mathcal{B}^\infty(X, Y)$.
   (b) En utilisant 1. montrer qu'elle est strictement plus forte.
3. Montrer que si Y est un espace complet, $\mathcal{B}^\infty_U(X, Y)$ aussi, ainsi que $\mathcal{C}^\infty_U(X, Y)$. Réciproques ?

Exercice 6.60 (Intégration et convergence uniforme).

1. Soit $(f_n)_{n\geq 0}$ une suite de points de $\mathcal{C}^\infty_U([a, b], \mathbb{R})$. Montrer que si $(f_n)_{n\geq 0}$ converge vers f, la suite $(F_n)_{n\geq 0}$ est également convergente, où $F_n(x) = \int_a^x f_n(t)dt$ et que sa limite est $F(x) = \int_a^\infty f(t)dt$. En déduire la propriété : [A] $\int_a^b (\lim f_n)(t)dt = \lim \int_a^b (f_n)(t)dt$
2. Soit $a = 0$ et $b = 1$. On définit f_n par :
   $0 \leq t \leq \frac{1}{2n}$ $\quad f_n(t) = 2nt$
   $\frac{1}{2n} \leq t \leq \frac{1}{n}$ $\quad f_n(t) = 2 - 2nt$
   $\frac{1}{n} \leq t \leq 1$ $\quad f_n(t) = 0$
   (a) Montrer que $f_n \in \mathcal{C}^\infty_U([0, 1], \mathbb{R})$ mais que la suite $(f_n)_{n\geq 1}$ ne converge pas dans cet espace.
   (b) Calculer F_n et montrer que $(F_n)_{n\geq 1}$ est convergente dans $\mathcal{C}^\infty_U([0, 1], \mathbb{R})$.

(c) Démontrer que $(f_n)_{n\geq 1}$ converge dans $\mathcal{C}^{\infty}_{\mathrm{U}}([0,1],\mathbb{R})$ et que la formule [A] est vérifiée. Conclusion ?

3. Analyser la situation pour la suite $(f_n)_{n\geq 1}$, $f_n \in \mathcal{C}^{\infty}_{\mathrm{U}}([0,1],\mathbb{R})$ avec :

$$\begin{array}{lll} f_n(x) = 4n^2x & \text{pour} & 0 \leq x \leq \frac{1}{2n} \\ f_n(x) = 4n - 4n^2x & \text{pour} & \frac{1}{2n} \leq x \leq \frac{1}{n} \\ f_n(x) = 0 & \text{pour} & \frac{1}{n} \leq x \leq 1. \end{array}$$